不同品种的蝎子

东亚钳蝎

东全蝎

会全蝎

沁全蝎

黄尾蝎

十足蝎

辽开尔蝎

藏蝎

不同龄期的蝎子

妊娠的雌蝎

刚出生的仔蝎

身背仔蝎的雌蝎

正在蜕皮的幼龄蝎

室内恒温育肥蝎子

正在吃食的蝎子

蝎子养殖方式及设施

大棚养蝎

大棚内垛体养蝎　　　　　　　　　室外池式养蝎

群居繁殖蝎窝　　　　　　　　　室内垛体养蝎

蝎子捕食昆虫

蝎子正在吃蝼蛄

蝎子正在吃蟋蟀

大棚内蝎子在吃蚂蚱

蝎窝内蝎子在吃苍蝇

大棚内蝎子在吃黄粉虫

蝎窝内蝎子在吃地鳖虫

专家帮你提高效益

怎样提高
蝎子养殖效益

周元军　王均迎　董良欣　编著

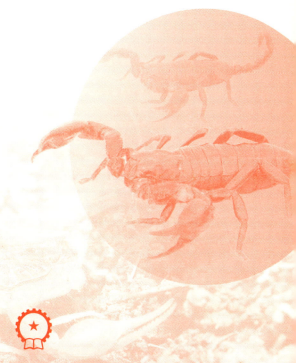

机械工业出版社

本书以提高养蝎经济效益为核心,内容共分11章,从我国养蝎现状、存在问题及趋势入手,围绕蝎子市场规律、适宜场所、选种引种、饲料使用、种蝎饲养、仔蝎和幼龄蝎饲养、青年蝎和成年蝎饲养、蝎病防治、环境调控、采集加工等,向理念、设施、良种、成本、繁殖、成活、品质和数量、健康、环境及产品要效益,各章内容均以养蝎场生产经营中的认识误区和存在问题为切入点,阐述提高养蝎经济效益的主要途径,最后还介绍了养殖典型实例及养蝎常用的动物性饵料昆虫的饲养技术。内容编排图表文有机结合,力求浅显易懂,技术知识简单明了,突出可操作性、应用性和针对性;对于技术操作要点、饲养管理窍门及在养殖中容易出现的误区等,有专门提示、注意等,利于养殖者上手,少走弯路。

本书适合广大养蝎工作者、专业户、养殖场和基层科技人员阅读参考,也可作为职业技术院校的教学用书。

图书在版编目(CIP)数据

怎样提高蝎子养殖效益/周元军,王均迎,董良欣编著.—北京:机械工业出版社,2024.8

(专家帮你提高效益)

ISBN 978-7-111-75891-4

Ⅰ.①怎… Ⅱ.①周… ②王… ③董… Ⅲ.①全蝎–饲养管理 Ⅳ.①S865.4

中国国家版本馆 CIP 数据核字(2024)第 105413 号

机械工业出版社(北京市百万庄大街22号 邮政编码100037)
策划编辑:周晓伟 高 伟 责任编辑:周晓伟 高 伟 刘 源
责任校对:曹若菲 薄萌钰 责任印制:单爱军
保定市中画美凯印刷有限公司印刷
2024年8月第1版第1次印刷
145mm×210mm・5.5印张・2插页・173千字
标准书号:ISBN 978-7-111-75891-4
定价:29.80元

电话服务	网络服务
客服电话:010-88361066	机 工 官 网:www.cmpbook.com
010-88379833	机 工 官 博:weibo.com/cmp1952
010-68326294	金 书 网:www.golden-book.com
封底无防伪标均为盗版	机工教育服务网:www.cmpedu.com

前　言 / PREFACE

　　早在两千多年前,我国劳动人民就认识到蝎子的药用价值,蝎子入药后名为全蝎、全虫。近年来,随着人们生活水平的不断提高,膳食结构也发生了很大的变化,人们对食品营养保健功能的要求也越来越高。因此,蝎子又作为美味佳肴被摆上了酒席宴桌。

　　目前,用全蝎配制的中成药已达数十种。全蝎还可以与其他中药配制出数百种药方,被人们广泛使用。另外,蝎子的菜谱也达近百种,用全蝎制成的具有高级营养价值和较强保健作用的蝎子食品,备受人们青睐。由于蝎子的用途不断扩大,蝎子的社会需求量不断增加,提高人工养殖蝎子的效益势在必行。为使广大养蝎户及养蝎爱好者们能全面、系统、客观、深入地了解蝎子,掌握人工养殖蝎子的新技术、新方法,编著者结合多年的科研成果和养蝎经验编著了本书。

　　在编著过程中,力求突出实用性、系统性和科学性,采用图文表并茂的形式,以东亚钳蝎为主,围绕蝎子市场规律、适宜场所、选种引种、饲料使用、种蝎饲养、仔蝎和幼龄蝎饲养、青年蝎和成年蝎饲养、蝎病防治、环境调控、采集加工等,向理念、设施、良种、成本、繁殖、成活、品质和数量、健康、环境及产品要效益,各章内容均以养蝎场生产经营中的认识误区和存在问题为切入点,阐述提高养蝎经济效益的主要途径,最后还介绍了养殖典型实例及养蝎常用的动物性饵料昆虫的饲养技术。为了引起读者注意和强调重要的知识点,对于

技术操作要点、饲养管理窍门以及在养殖中容易出现的误区等，在文中通过"提示""注意"等小栏目呈现。本书既收录了编著者多年的研究成果和养蝎经验，也参考了其他人的宝贵资料，文图表相映，相辅相成，深入浅出，通俗易懂，可操作性强，适合广大养蝎工作者、专业户、养殖场和基层科技人员阅读参考，也可作为职业技术院校的教学用书。

需要特别说明的是，本书所提及的药物及其使用剂量仅供读者参考，不可照搬。在生产实际中，所用药物学名、常用名和实际商品名称有些差异，药物浓度也有所不同，建议读者在使用每一种药物之前，参阅厂家提供的产品说明，确认药物用量、用药方法、用药时间及禁忌等。购买兽药时，执业兽医有责任根据经验和对患病动物的了解决定用药量及选择最佳治疗方案。

由于编著者水平有限，书中不足甚至错误之处在所难免，恳请同行及广大读者提出更好的见解和宝贵的建议，以便再版时充实完善。

编著者

目 录 / CONTENTS

前言

第一章　把握市场规律，向理念要效益 ……………………… 1
第一节　经营观念的误区 …………………………………… 1
一、起步误区 …………………………………………… 1
二、销售误区 …………………………………………… 2
三、经营规模误区 ……………………………………… 3
第二节　影响蝎子市场需求和养殖效益的主要因素 ………… 3
一、蝎子市场需求规律 ………………………………… 3
二、影响蝎子养殖效益的主要因素 …………………… 4
第三节　如何应对蝎子市场需求变化 ……………………… 4
一、把握蝎子市场需求机遇 …………………………… 4
二、认识蝎子的开发价值 ……………………………… 5
三、分析我国人工养蝎的发展前景 …………………… 7
四、掌握市场预测方法和市场销售策略 ……………… 7
第四节　根据实际情况确定养蝎规模 ……………………… 8
一、家庭庭院式养蝎方式 ……………………………… 8
二、散养场式养蝎方式 ………………………………… 18

　　　　三、大规模养蝎方式 ……………………………………… 18
　　　　四、塑料温棚式养蝎方式 …………………………………… 21
　　　　五、蝎子无休眠养殖方式 …………………………………… 25

第二章　建造适宜场所，向设施要效益 ……………… 33
第一节　建造蝎窝的误区 …………………………………… 33
　　一、对蝎子的生活习性认识的误区 ……………………………… 33
　　二、人工养殖蝎子的误区 ………………………………………… 33
第二节　蝎子的生活习性 …………………………………… 34
　　一、蝎子的生活史 ………………………………………………… 34
　　二、蝎子的习性 …………………………………………………… 35
第三节　适宜蝎子生长繁殖的场地和饲养设施 …………… 42
　　一、蝎场的建造 …………………………………………………… 42
　　二、蝎房的建造 …………………………………………………… 44
　　三、蝎窝的建造 …………………………………………………… 45
　　四、蝎子养殖场配套设施的建设 ………………………………… 47

第三章　科学选种引种，向良种要效益 ……………… 49
第一节　引种与留种的误区 ………………………………… 49
　　一、对品种的概念不清楚 ………………………………………… 49
　　二、为了省钱而购买不符合种用的种蝎 ………………………… 49
　　三、留种误区 ……………………………………………………… 50
第二节　提高良种效益的主要途径 ………………………… 50
　　一、正确了解种蝎的分类和特点 ………………………………… 50
　　二、做好蝎子的选种和引种工作 ………………………………… 51
　　三、做好种蝎的调运工作 ………………………………………… 52
　　四、做好种蝎的投放工作 ………………………………………… 54

第四章　科学使用饲料，向成本要效益 ……………… 56
第一节　饲料加工与利用的误区 …………………………… 56
　　一、评价饲料的误区 ……………………………………………… 56
　　二、加工配制饲料的误区 ………………………………………… 56

三、饲喂误区 …………………………………………………… 57
　第二节　**提高饲料利用率的主要途径** ……………………………… **57**
　　　一、正确了解蝎子需要的营养要素 …………………………… 57
　　　二、熟悉蝎子的常用饲料 ……………………………………… 62
　　　三、做好蝎子配合饲料的配制与加工 ………………………… 64

第五章　搞好种蝎饲养，向繁殖要效益 …………………… 65

　第一节　**种蝎管理与利用的误区** …………………………………… **65**
　　　一、种蝎配对的误区 …………………………………………… 65
　　　二、种蝎孕期的饲养管理误区 ………………………………… 65
　　　三、孕蝎产后的饲养管理误区 ………………………………… 66
　第二节　**提高种蝎繁殖效率的主要途径** …………………………… **66**
　　　一、坚持种蝎选配原则 ………………………………………… 66
　　　二、正确选择优良种蝎 ………………………………………… 66
　　　三、雌雄种蝎合理配对 ………………………………………… 67
　　　四、合理运用种蝎的交配方法 ………………………………… 67
　　　五、提供适宜的配种环境 ……………………………………… 68
　　　六、创造良好的胚胎发育条件 ………………………………… 68
　　　七、做好临产雌蝎的防逃和隔离工作 ………………………… 70
　　　八、做好产后雌蝎的饲养管理 ………………………………… 71

第六章　精心饲养仔蝎和幼龄蝎，向成活要效益 ………… 72

　第一节　**仔蝎和幼龄蝎的饲养管理误区** …………………………… **72**
　　　一、仔蝎的饲养管理误区 ……………………………………… 72
　　　二、幼龄蝎的饲养管理误区 …………………………………… 73
　第二节　**提高仔蝎成活率的主要途径** ……………………………… **73**
　　　一、创造适宜的生活环境 ……………………………………… 73
　　　二、及时喂水 …………………………………………………… 74
　　　三、合理投食 …………………………………………………… 74
　　　四、及时分离雌蝎和仔蝎 ……………………………………… 75
　第三节　**提高幼龄蝎生长速度的主要途径** ………………………… **76**
　　　一、加强营养 …………………………………………………… 76

二、创造适宜的环境条件 ································· 78
　　三、精心管理 ··· 78
　　四、防止逃逸 ··· 79

第七章　加强青年蝎和成年蝎饲养，向品质和数量要效益⋯80

第一节　青年蝎和成年蝎养殖中的误区 ······················· **80**
　　一、饲养观念的误区 ····································· 80
　　二、青年蝎的饲养误区 ··································· 80
　　三、成年蝎的饲养误区 ··································· 81
　　四、评价蝎子养殖经济指标的误区 ······················· 81

第二节　提高青年蝎生长速度与健康水平的主要途径 ········· **81**
　　一、加强营养 ··· 82
　　二、控制好生活环境 ····································· 82
　　三、搞好环境卫生 ······································· 82
　　四、及时分群和选择种蝎 ······························· 82

第三节　提高成年蝎饲养管理水平的主要途径 ··············· **83**
　　一、加强种蝎选育和提纯复壮 ··························· 83
　　二、提高商品蝎的品质 ··································· 84
　　三、提高种蝎的交配和繁殖质量 ·························· 84

第八章　搞好蝎病防治，向健康要效益 ······················· **86**

第一节　蝎病防治的误区 ······································· **86**
　　一、防治观念误区 ······································· 86
　　二、药物使用误区 ······································· 87

第二节　提高蝎病防治效益的主要途径 ······················· **87**
　　一、做好蝎场的卫生防疫 ······························· 87
　　二、做好主要蝎病的诊治工作 ··························· 88
　　三、做好蝎子天敌的防范 ······························· 99
　　四、合理使用消毒药物 ··································· 102

第九章　搞好环境调控，向环境要效益 ······················· **106**

第一节　环境控制的误区 ······································· **106**

一、蝎子环境卫生控制的误区 …………………………… 106
　　二、蝎子疫病预防的误区 ………………………………… 106
　第二节　提高环境调控效益的主要途径 …………………… **107**
　　一、做好外部环境的控制 ………………………………… 107
　　二、做好内部环境的控制 ………………………………… 108

第十章　搞好蝎子的采集加工，向产品要效益 ………… 114

　第一节　采收加工蝎子的误区 ……………………………… **114**
　　一、采收季节和蝎龄上的误区 …………………………… 114
　　二、加工与不加工的误区 ………………………………… 114
　　三、蝎毒提取的误区 ……………………………………… 115
　第二节　提高经营效益的主要途径 ………………………… **115**
　　一、合理选择蝎子的采收时间 …………………………… 115
　　二、搞好蝎子的加工处理和保存 ………………………… 116
　　三、搞好蝎子的运输管理 ………………………………… 119
　　四、做好蝎毒的提取与加工 ……………………………… 120
　第三节　蝎子蜇伤与救护 …………………………………… **125**
　　一、自我保护方法 ………………………………………… 125
　　二、蜇伤后的临床表现和处理方法 ……………………… 127

第十一章　养殖典型实例 ……………………………………… 130

　实例一　河北省顺平县宗瑞蝎子养殖合作社 …………… **130**
　　一、蝎窝建设 ……………………………………………… 131
　　二、繁殖与饲养管理 ……………………………………… 132
　　三、疾病防治 ……………………………………………… 133
　实例二　河南省郏县冠宏养殖专业合作社 ……………… **133**
　　一、塑料大棚养殖场建设 ………………………………… 134
　　二、大棚蝎子的繁殖与育种 ……………………………… 135
　　三、大棚蝎子的饲养与管理 ……………………………… 136
　　四、疾病防治 ……………………………………………… 136
　实例三　河南省孟津县洛阳卫坡全蝎养殖场 …………… **136**
　　一、养殖场建设 …………………………………………… 137

二、繁殖与饲养管理 ·· 138
　　三、经济效益 ·· 139
　　四、疾病防治 ·· 139

附录 ·· 140

附录 A　黄粉虫的饲养技术 ······································ 140
　　一、生物学习性 ··· 140
　　二、培育方式 ·· 142
　　三、饲养方法 ·· 143
　　四、黄粉虫的利用 ·· 144

附录 B　黑粉虫的饲养技术 ······································ 144
　　一、生物学习性 ··· 145
　　二、培育方式 ·· 146
　　三、饲养方法 ·· 147

附录 C　蚯蚓的饲养技术 ··· 148
　　一、生物学习性 ··· 148
　　二、培育方式 ·· 150
　　三、饲养方法 ·· 152
　　四、蚯蚓的收取及应用 ··· 153

附录 D　地鳖虫的饲养技术 ······································ 154
　　一、生物学习性 ··· 154
　　二、培育方式 ·· 156
　　三、饲养用具及饲养土质 ·· 157
　　四、饲养方法 ·· 158
　　五、管理方法 ·· 160
　　六、地鳖虫的采收与加工 ·· 162

附录 E　鼠妇的饲养技术 ··· 163
　　一、生物学习性 ··· 163
　　二、饲养方法 ·· 164

参考文献 ·· 166

第一章
把握市场规律，向理念要效益

随着人们生活水平和生活质量的不断提高，人们对蝎子的认识和开发应用也在不断加深。蝎子不仅是治疗疾病的中药材，而且其营养保健价值也很高，市场需求量在不断增加，有时甚至出现供不应求的现象。人工养蝎业可以说是当下的黄金产业、朝阳产业，具有本小利大、市场稳定、用途广泛、不污染环境、经济价值高、发展前景光明、可持续发展和技术性强等特点。由于蝎子野性大，饲养管理要求较高，尤其是人工规模化养殖，必须遵照蝎子的生长发育和繁殖规律以及其生活习性，科学饲养管理，才能取得良好的经济效益。

第一节　经营观念的误区

一、起步误区

蝎子是已知最古老的陆生节肢动物之一，也是一种重要的野生动物药材，因其全身都可入药，故中医称为"全蝎"或"全虫"（图1-1）。蝎子在动物分类学上属于节肢动物门，蛛形纲，蝎目。全世界范围内蝎目中共分6科，70属，有600余种。目前，我国共有15种蝎子，如东全蝎、会全蝎、十条腿蝎、黄尾蝎、沁全蝎、辽开尔蝎、斑蝎、藏蝎等，其中分布最广的为东亚钳蝎，属钳蝎科。东亚钳蝎的别名有很多，如蝎子、链蝎、会蝎、剑蝎、荆蝎、主簿虫、虿尾虫等。

由于我国蝎子种类多、分布广，蝎子的生活习性和生理特点也各有差异。刚刚起步的人工养殖蝎子的人，因为不了解蝎子的生理特点和生活习性，没有遵照蝎子的生长繁殖规律，对人工养殖蝎子的发展趋势和市场行情也不太清楚，就盲目投资、大规模养殖，以至于养蝎失败的大有人在。

所以，许多饲养者都误认为蝎子难养殖，尤其是起步比较艰难。

图1-1　蝎子

【提示】

蝎子的品种很多，要想养殖好蝎子，必须根据本地的地理环境和气候条件等实际情况，合理选择适宜本地饲养的品种，进行科学养殖，切忌盲目投资、大规模养殖。

二、销售误区

随着人们对蝎子用途的不断开发，蝎子的社会需求量越来越大。据统计，现在我国每年要消耗几百吨的蝎子，蝎子的价格由20世纪80年代的每千克几十元上涨到现在的每千克几百元，蝎子的供应量不足需求量的30%。再加上野生蝎子资源急剧减少，大规模人工养殖蝎子的进度缓慢，导致供需矛盾越来越突出，因而蝎子的市场收购价格连年成倍增长。据估算，今后10~20年，蝎子的价格只升不降，养殖蝎子的市场前景广阔。

但是，由于养蝎户的饲养规模小，对市场信息了解不多，再加上我国蝎子产品销售市场体制不完善，没有规范的蝎子产品批发和零售市场，销售渠道不完善、不畅通，同时受到运输和贮存条件的限制，养殖的蝎子销售不出去或者低价销售，直接影响到养蝎户的养殖积极性。有的养蝎户因为在销售蝎子时吃过亏，就认为养殖的蝎子很难销售，从此不敢再养殖蝎子。

【小经验】

有的养蝎户认为蝎子很难销售,往往是因为养蝎户不了解市场需求,不知道到哪里销售。所以,在养殖蝎子前,需要进行市场调研分析,了解市场行情,选好销售渠道,最好是进行订单养殖。

三、经营规模误区

蝎子的开发价值很高,发展前景好,具有很可观的经济效益。但是,由于蝎子野性较强,具有独特的生活习性和生理特点,尤其是现在推行的高效益人工规模养殖蝎子模式相对来说比较复杂,不像养鸡、猪等动物那样见效快。所以,有些人认为人工规模化养殖蝎子难度大,只能小规模家庭式饲养,绝不能较大规模饲养。其实这种认识是不正确的。

自繁自养规模化人工养殖蝎子模式具有一定的难度,不是所有人都能够轻易养殖成功的。若没有成熟的饲养管理经验、过硬的养殖技术、较好的饲养管理条件和市场资源,盲目投资大规模人工养殖蝎子,成功率较低,往往会造成巨大的经济损失。所以,许多人误认为蝎子不好养,更不能大规模人工养殖。其实规模化人工养殖模式也并不是想象的那样难,只要充分了解蝎子的生活习性和生理特点,因地制宜,按照蝎子的生长发育和繁殖规律精心饲养,掌握饲养管理技术,不断积累经验,逐步扩大规模,就一定能取得良好的效益。

第二节　影响蝎子市场需求和养殖效益的主要因素

一、蝎子市场需求规律

随着中药市场的繁荣和人们对蝎子经济价值的逐步开发,蝎子被用作传统名贵药材和现代的美味佳肴食品,其社会需求量日趋增多。由于人工过度捕获,蝎子自然种群的数量急剧下降。另外,生态环境的不断破坏和农药、化肥的大量使用导致蝎子的自然生存环境不断恶化、食物来源下降,致使蝎子的社会需求与产量供应矛盾加剧。

目前全世界蝎子的年产量超过 400 吨,我国的蝎子产量约占世界产量的 1/4。而世界上每年对蝎子的需求量近 5000 吨,蝎子的产量仅占需求量的 10% 左右。由于野生蝎源逐渐减少,我国只有少数几个省有野生蝎源，市场缺口极大。近年来，虽然人工养殖蝎子获得成功，但养殖规模却一直上不去，蝎子产量也不高。由于蝎子的生产季节和人们的需求时期不同，蝎子的需求量和价格在一年内有很大的变化。一般来说，夏、秋季节捕获蝎子，产量高但价格便宜。而到冬、春季节，由于蝎子的药用量和食用量增大、贮存量减少，其价格就高。但总的来说，近年来蝎子的价格有升无降，呈现出逐年上升的趋势。

二、影响蝎子养殖效益的主要因素

人工养殖蝎子的效益受多方面因素的影响，归纳起来主要有两方面：一是蝎子的品种，蝎子的品种好，其繁殖生产性能就高，养殖效益也就好；二是养殖蝎子的水平，养殖蝎子的水平（包括饲养和管理水平）高，种蝎能充分发挥繁殖潜能，产仔多、身体壮、疾病少，幼蝎成活率就高，成年蝎产量就高，养殖效益也会大幅度升高。

目前我国蝎子品种主要有东全蝎、会全蝎、十条腿蝎、黄尾蝎、沁全蝎、辽开尔蝎、斑蝎、藏蝎等，这些蝎子分布的地域和生活习性有所不同。饲养蝎子要因地制宜，根据养殖条件和蝎子的利用性质不同而合理选择蝎子品种。

【提示】

鉴于蝎子的药用价值和开发利用前景，目前全国人工养殖的蝎子以东亚钳蝎为主。

第三节　如何应对蝎子市场需求变化

一、把握蝎子市场需求机遇

据有关资料介绍，我国在20世纪80年代初期就投资数百万元开展"全蝎养殖及综合加工开发利用"项目。但一直以来，除野生放养外，蝎子室内养殖方式尚未获得真正商业意义上的大突破。其原因是，蝎子属于野生的节肢动物，对环境和自然条件要求极为苛刻。人工养殖蝎子对于蝎子的繁殖、饲料、病虫害防治以及养殖的温度、湿度、卫生条件等都有严格要求，养殖技术不是很容易掌握。而且相对其他野生动物养殖来说，人工养殖蝎子的成活率比较低。

尽管现在养蝎热达到了高潮，但人工养殖并非都能获得高额的利润。据测算，目前养蝎成功率不超过30%，大部分养殖户以养殖失败而告终。获得成功的养殖户往往不愿意将养殖技术传授他人，怕影响个人养殖效益收入；失败的养殖户不再从事养蝎行业，而改投其他行业。因此，少数人养蝎成功、多数人养蝎失败的现状决定养蝎业在短期内无法满足市场需求，养殖效益空间很大。

蝎子作为特种经济动物，其市场虽然广阔，但并非没有限制。如果饲养规模过小，产量不大，知名度低，就很难找到市场，经济效益必然会降低。另外，由于蝎子对环境条件的要求较高，如饲养管理不当，极可能会造成蝎子生长发育不良，因发生疾病而大批死亡。所以，养蝎承担着多种风险。因此，蝎子养殖者一定要把握好蝎子的市场行情，分析各种蝎产品的市场需求，畅通销售渠道，以求获得最大的养殖效益。

二、认识蝎子的开发价值

1. 蝎子的药用价值

全蝎是我国传统的名贵中药，入药已有2000多年的历史。蝎体内含有一种类似蛇神经毒素的毒性蛋白，称作"蝎毒"。早在宋代医书《开宝本草》中，对蝎子的药用功能就有文字记载。明代杰出的中医药学家李时珍在《本草纲目》中对蝎子的药用功能进行了更为详细的介绍。历代医家都认为蝎子味辛、甘，性平，有小毒，入肝经，有熄风、镇痛、止痛、窜筋、透骨、逐湿、解毒等功效，是治疗痉挛、抽搐、癫痫、中风（脑血管意外）、偏头痛、破伤风、肺结核、淋巴结核、疮病肿毒等多种疑难病症的理想药材。目前以蝎子配伍的汤剂有100多种，全蝎配制的中药有60多种。例如，"再造丸""大活络丸""七珍丹""牵正散""跌打丸""救心丸""止疼散""中风回春丸"等均以全蝎为主要成分。

现代科学研究证实，全蝎的药理作用主要依赖于蝎毒。1万只成年蝎每年可提毒480克，因此，蝎毒的药用价值远远高于蝎子本身。蝎毒主要存在于蝎的尾刺中。据动物实验研究发现，蝎毒有一定的抗惊厥作用，但其毒性比蜈蚣弱；用全蝎制剂以不同途径、方式给药，发现有显著、持久的降压作用；在清醒的动物身上使用，可见显著的镇静作用，但并不使动物入睡。近年来有关研究又发现，全蝎毒的有效成分对癫痫和三叉神经痛的治疗有特效。目前在国际临床上，蝎毒已用于治疗神经系统疾病、心脑血管系统疾病、恶性肿瘤及艾滋病等。

蝎毒除了临床医药作用外，还在神经分子学、分子免疫学、蛋白质的结构和功能等生命科学研究等领域有着广阔的应用前景。另外，在农业生产中，蝎毒还可以用于制造绿色农药。

2. 蝎子的营养价值

近几年来，随着人们不断追求食品的营养保健功能，全蝎除了药用外，还作为滋补食品、美味佳肴登上了宴席的大雅之堂，其菜谱已有60多种。

全蝎的营养极其丰富，据测定，蝎体的蛋白质含量高，脂肪含量低，含有多种人体必需的氨基酸、维生素。全蝎可以加工烹调成上百种美味佳肴，油炸全蝎、醉全蝎、蝎子滋补汤等以蝎子为原料的药膳食品早已进了饭店、酒楼甚至寻常百姓家。被列入国宴的中华蝎子宴已誉满全球。

3. 保健品的开发利用

随着养殖业的蓬勃发展和科研部门对全蝎研究的日渐深入，以全蝎为主要原料的保健品被相继开发出来，如蝎精口服液、蝎精胶囊、蝎粉、中华蝎补膏、中华蝎酒、全蝎罐头和蝎精美容霜等。全蝎的用途如图1-2所示。

图 1-2　全蝎的用途

三、分析我国人工养蝎的发展前景

我国人工养殖蝎子是进入20世纪50年代才开始起步的，回顾人工养殖蝎子的历程，大致可分为三个时期，即萌芽期、发展期和成熟期。随着科学养殖技术的不断发展和普及，我国人工养殖蝎子技术已逐渐成熟，养蝎事业正在稳步发展。

近年来，随着人们对蝎子用途的不断开发，蝎子的社会需求量越来越大。现在蝎子的供应量不足需求量的30%，再加上野生蝎子资源急剧减少，大规模人工养殖蝎子的进度缓慢，导致供需矛盾越来越突出，因而蝎子的市场收购价格连年增长。所以，发展人工养殖蝎子势在必行。实践证明，人工养殖蝎子投资少、用工省，饲养技术容易掌握，经济效益高，市场风险性小，具有很好的市场前景。

四、掌握市场预测方法和市场销售策略

1. 市场预测

市场预测主要是预测产品的市场需求与市场供给。市场供给的预测比较简单，一般通过对现有蝎子养殖场的生产能力和拟建的蝎子养殖场的生产能力进行统计即可计算出蝎产品的供给情况。因此，一般来讲，蝎子的市场预测主要是指蝎产品的市场需求预测。

蝎产品市场预测方法一般分为定性预测和定量预测两大类。蝎产品市场定性预测是根据所掌握的蝎子的生产、销售、开发利用等信息资料，凭借专家个人和群体的经验，并运用一定的方法，对蝎子市场未来的发展趋势、规律、状态做出主观的判断和描述。蝎产品市场定量预测是根据以往和现在蝎子的生产、销售、开发利用等的统计数据，选择或建立合适的数学模型，运用一定的预测方法，如一元线性回归分析法、弹性系数法、消费系数法、移动平均法和指数平滑法等，分析研究蝎子市场发展变化的规律，并预测未来蝎产品的市场需求情况。

2. 市场营销策略

市场营销策略是指企业根据自身内部条件和外部竞争状况所确定的关于选择和占领目标市场的策略。它是制定企业战略性营销计划的重要组成部分，其实质就是企业开展市场营销活动的总体设计。对于蝎子养

殖企业或养殖场（户）来说，要想稳步发展，追求较好的效益，必须制订适宜的市场营销策略，其目的就在于充分发挥本企业的资源优势，增强自身竞争能力，更好地满足蝎子市场的需求和营销环境变化，以较少的投入获取最大的经济效益。

一个蝎子养殖企业（养殖场或养殖户）的发展除了依靠先进的饲养管理技术和生产优质的蝎子产品外，还需要建立适宜的销售渠道、制订切实可行的销售策略，这样才能够获得最好的经济效益。比如，养殖什么品种的蝎子，采取怎样的饲养方式，走低端产品还是高端产品营销道路，生产加工什么样的蝎子产品，定什么样的价格比较合适，通过什么样的渠道进行销售，选择直销还是依靠中间商，批发还是订单生产销售，这一切都需要养殖户通过充分地市场调研、分析，并结合自身的资源优势来确定。

第四节　根据实际情况确定养蝎规模

人工养殖蝎子的方式多种多样，根据饲养的场地分为室内养殖、室外养殖和半散放养殖，室内养殖又分为盆养、池养、箱养和房养等；根据饲养规模可分为家庭庭院式养殖和大规模养殖；根据控温情况可分为常温养殖与控温养殖。养殖场（户）可根据自己的具体情况，因地制宜地选择养殖方式。无论采用什么方式，都必须符合蝎子的生物学习性，尽可能创造一个与野生蝎子栖息生活相似的外界环境。

一、家庭庭院式养蝎方式

家庭庭院式养蝎是指城乡居民利用闲置房屋或在庭院内、阳台上简单地搭棚垒窝养殖蝎子的一种方式，由于饲养数量不多，也称中小规模养殖。利用庭院养蝎的目的有多种，有的是为了探索养蝎经验，便于今后扩大养蝎规模；有的是因为看到养蝎的发展前景好，但受经济条件限制，没有资金建造蝎场、蝎房，只能在庭院内用小容器进行小规模养殖，获得一定的经济收入。

1. 瓶养

瓶养是指利用广口瓶（如罐头瓶）或一次性塑料杯子饲养蝎子的一种方法（图1-3）。一般在瓶子底部铺上2厘米厚的沙土，再加上一些碎石片、树叶，为蝎子创造一个天然栖息环境（蝎窝）。每只瓶（杯）内可以放 2 只雌蝎和 1 只雄蝎，让其自由交配繁殖。或者每瓶内放一窝仔蝎或放多只青年蝎进行饲养，每隔 3 天投食 1 次。有条件的，可以做一些立体架子，充分利用空间，把装有蝎子的瓶（杯）放在架子上（图 1-4）。

图 1-3　瓶养蝎示意图

图 1-4　广口瓶架子养蝎

该种饲养方式简单易行，适合初学养蝎者或进行科学实验研究。在孕蝎的产房内也可采用瓶养的方式。

在具有一定规模的养蝎场，该法专供雌蝎繁殖用。常用普通玻璃罐头瓶，瓶底铺一层潮湿沙土，放几片新鲜树叶，可保持瓶内湿度，放入临产雌蝎，每瓶 1 只雌蝎，直到产出仔蝎且仔蝎蜕皮后开始独立生活为止。该法有利于减少外界对雌蝎的干扰，避免仔蝎损伤，能够提高仔蝎的成活率。

2. 盆养

盆养是指利用塑料盆或内壁光滑的瓷盆、铝盆等容器养蝎的一种方法（图1-5）。一般在盆底放3厘米厚的老泥土或风化土，上面放一些碎瓦片，若饲养仔蝎，最好用纱网将盆口盖住，以防蝎子逃跑。为便于通风，可在盆的上部四周壁上钻许多小孔（以仔蝎不能钻出为宜）。盆养的投放量视盆的大小而定，一般口径60厘米的盆可以放养60只蝎子。

盆养蝎子方法简便、易于操作，盆子方便移动，可以搭成两三层立体架子进行饲养，花费小，管理方便，但饲养量不大。该法适合初学养蝎者或刚从雌蝎背上分离下来的仔蝎的过渡饲养。

图1-5　盆养蝎

3. 缸养

缸养是指利用缸内壁釉光无裂口和有裂缝但较完整结实的大口陶瓷缸养蝎的一种方法。若缸底光滑影响蝎子休息，可在缸底铺一层有机质土并夯实，或将黄泥土用水捣烂后涂于缸底及缸壁的下半部分，放在阳光下晒干。也可直接在缸的底部铺垫一层5~10厘米厚的风化土或壤土并夯实，上覆沙子，再在沙层上叠放一些瓦片、空心砖或小木板等，作为蝎子栖息活动的垛体。垒成垛体的瓦片等要一片一片地叠起，最好叠成宝塔形，片与片之间的四角可用水泥浆或黄泥粘接住，以增加蝎子栖息活动的空隙。垛体距容器的内壁约6厘米，垛体上放置供水用的海绵。缸口可用铁纱或尼龙网罩盖好，以防蝎子逃逸及天敌入侵。为了保温，可以将缸的下部分埋在地下，但漏出部分必须距缸口30厘米，以防蚂蚁等天敌进入。为了方便从缸内取瓦片，防止被蝎子蜇伤，可在瓦片上做两个小孔，用铁丝固定，并留有钩孔，取瓦片时用铁钩钩取（图1-6）。一般口径60厘米的浅缸内可放养幼龄蝎300只左右。

该种方法养蝎的最大特点是操作简便，可利用废弃的瓷缸，减少投资，且缸的体积小、重量轻，搬运方便。但缺点是缸内通风不良，梅雨季节往往比较潮湿，易引起霉菌性病原微生物的滋生，对蝎子的生长发育不利。本方法适合饲养量少的家庭养蝎或饲养2龄蝎。

图1-6　缸养蝎示意图

4. 箱养

箱养是指利用废旧木板或三合板制成的木箱养蝎的一种方法。一般做成高80厘米、宽60厘米、长100厘米左右的木箱，当然箱子的长、宽、高可根据室内情况而定，也可利用废旧的木箱，但以便于操作管理为原则。为防止蝎子逃逸，可在木箱内壁四周的上部用塑料膜或玻璃条围覆一圈，也可以在木箱口周边用5厘米宽的透明胶粘贴或钉上8~10厘米宽的塑料板。在箱底铺垫3~15厘米厚的沙土或风化土，土上用砖、瓦做垛体，或用多孔的煤炭渣设置隐蔽场所，以供蝎子活动和栖息。用尼龙网纱或铁网纱作为箱盖，也可用中间凿出无数小孔的三合板、马口铁皮作为箱盖（图1-7）。

该种养蝎方法简单，容易掌握，所用的箱体可大可小，且轻便，搬运方便。与盆养、缸养相比，饲养量较大。若建成两三层立体式箱架，可充分利用空间，饲养效果更佳。

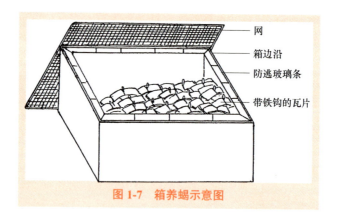

图 1-7 箱养蝎示意图

5. 池养

池养是指在室内或室外建造养蝎池饲养蝎子的一种方法。池养是目前大多数养蝎户（场）采用的方法。蝎池可用砖块、土坯或石块砌成，池壁厚度 10~15 厘米，池的外壁用泥或水泥抹光。在池正面和侧面的上半部应留 30~40 厘米的池口，以供操作和观察。

池口内上沿四周用 5 厘米左右宽的硬塑料纸或 5 厘米宽的玻璃嵌牢，以挡住蝎子外逃。在池内离四周 15 厘米左右的地方用砖瓦、石块或土坯平垒起多层并留有 1.5 厘米左右空隙的"假山"作为蝎房，供蝎子栖息。"假山"的高度应略低于池口。也可以用多孔的煤渣堆砌作为蝎子活动和栖息的场所。池底可铺垫 3~5 厘米厚的细土，最好采用老土墙基部的风化土，上覆沙子，沙子上放垛体，供蝎子休息，垛体与池内壁相距 6 厘米。池子上罩尼龙纱并装拉锁作为操作口，可将无蝇的蛹放进池内，待其羽化后供蝎子食用（图 1-8）。

蝎池一般宽 60~80 厘米、高 30~50 厘米、长 1 米左右，长、宽、高可根据蝎房的大小和饲养数量而定，但宽最好不超过 90 厘米，长不超过 1.2 米。蝎池太大，不容易操作管理，且投放蝎子太多容易互相干扰和残杀；蝎池太小，则浪费空间。蝎池与蝎池之间应保留 80 厘米宽的工作道。通常 1 米^3 的空间可以饲养 500 只成年蝎，若要扩大养殖规模，可把蝎池建成两三层的立体池，以增加养殖数量和提高蝎子的产量。

池养的饲养量较大，且投资少，又容易按不同蝎龄及其不同的生理特点进行饲养管理，有利于蝎的生长发育和繁殖。所以，这是目前最常用的一种饲养方法。

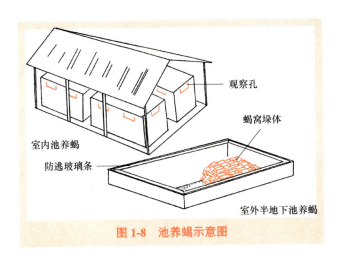

图 1-8　池养蝎示意图

6. 坑养

坑养是指在地面下挖坑来建造养蝎池饲养蝎子的一种方法。在北方地区多采用坑养，要求必须选择水位低、下雨易泄水的向阳高处挖坑。坑的深度一般约 1 米，坑的大小根据饲养蝎子的数量而定。坑壁上部四周内围贴上光滑的塑料布或玻璃条，坑底土夯实后铺上风化土或细沙土，其上再垒瓦片、碎石或空心砖、有孔煤炭渣等，以供蝎子栖息。在室外建的养蝎坑，在坑的上面可搭个棚子，以防雨淋；在室内建的养蝎坑，只需加个木盖或铁盖即可（图 1-9）。由于坑内的温度、湿度适宜，此种方式养蝎比较接近自然状况。

7. 架养

架养是指用金属或木板做框架，可多层放置蝎箱或蝎盆饲养蝎子的一种方法。架养适合室内养蝎，主要目的是充分利用空间，把养蝎箱或养蝎盆放置在架子上（图 1-10）。箱或盆内放置多层瓦片，瓦片上放置几块吸水海绵，供蝎子吸水。夏季炎热，用喷雾器向瓦片上喷洒清水，以调节温度和湿度。为防止蝎子外逃，可用光滑材料在每层箱子的内侧上边周围钉紧。若池上设架，池养和架养相结合，形成立体养殖，空间利用率可提高 2~3 倍。

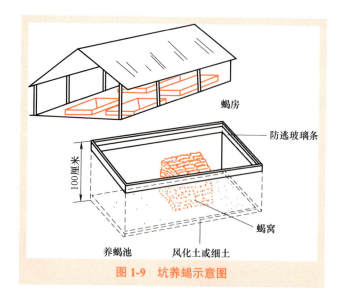

图1-9 坑养蝎示意图

图1-10 架养蝎示意图

制造养殖架可用任何木材或金属,规格大小根据空间位置而定,一般架长3米左右,宽为0.5米,设置2~3层,每层高0.5米。该种方法很适合家庭住房紧张的养殖户,可充分利用空间,增加饲养量。

8. 房养

房养是指模仿蝎子在野生状态下的生活环境,建造成既符合其生活习性、生长繁殖条件，又便于饲养管理的场地，场地内建造适合各种蝎子生活的蝎窝进行养殖的一种方法。蝎房的样式和大小视其环境条件及养蝎数量而定，一般可用砖或土坯建成一个长3~5米、宽3米、高2米，墙厚25厘米左右的蝎房。蝎房的正中开一小门，供管理人员进出，墙中间开3~4个小窗口，以利于空气流通，但窗口要装窗纱，以防外界天敌入侵。在靠地面的墙壁上留一些碗口大小的洞口，或用土砖坯垒墙，砖坯之间留出宽0.5~2厘米的缝隙，不要抹泥，墙内壁不要粉刷，以便蝎子出入，但墙外壁一定要用石灰等三合土密闭加固后粉刷。在距蝎房1米左右处挖一条宽0.6米、深0.5米的环房水沟，并保持长年有水，以防蝎子逃跑和蚂蚁入侵，同时还可以调节蝎房的湿度。另外，在房内应留一条宽0.6~1米的人行道，通道两边用土坯砖、空心砖或砖头、瓦块、大块煤渣垒成1.6米高的蝎窝，砖之间留有1~2厘米的空隙，供蝎子栖息和活动（图1-11）。

图1-11　蝎窝垛体示意图

房顶一般用廉价材料（如用瓦、纤维瓦等）掩盖即可。墙壁四周应贴上宽15~30厘米的玻璃条或塑料薄膜，防止蝎子逃跑。晚上可将蝎房内的灯打开，敞开窗户，引诱昆虫进入，供蝎子食用（图1-12）。

房养蝎易于保温和控制各种生活条件，尤其适合较大规模和寒冷地方饲养。但建房成本较高，一次性投资较大，且每次翻垛需要耗费较多人工，费时又费工。

9. 地窖式养蝎

地窖式养蝎是指建造一个适合于蝎子生长发育和繁殖的地窖进行养殖的一种方法。地窖式养蝎造价低，用砖、水泥建造即可，喂养和观察蝎子容易，捕捉方便。由于蝎窝有一部分建在地下，因此冬季保温、夏季防暑，并且蝎子可以在窝内自由选择所需湿度。干燥时可向下移动，潮湿时可向上移动，并便于大小蝎自动分离和清理（图1-13）。

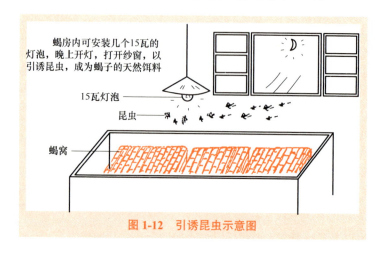

图1-12 引诱昆虫示意图

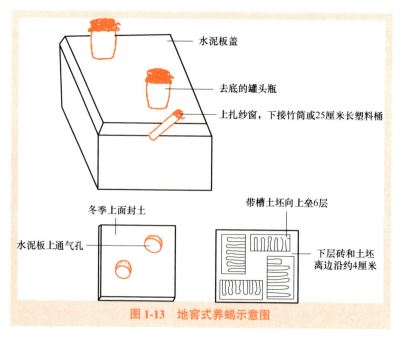

图1-13 地窖式养蝎示意图

地窖式养蝎池的建造方法：

(1) **地点的选择** 一般选择背风向阳的山坡地，如果地下水位低，蝎室的地下部分可深些；如果地下水位高，则可以增高地上部分。

(2) **蝎室的大小** 一般建成长55厘米、宽55厘米、深45厘米左右，山坡丘陵地上部分高出约60厘米，平原地区地上部分高出约30厘米。

(3) **蝎室的内部构造** 蝎窝的四周砌两层横向竖砖，并用水泥勾缝，室内池底夯实整平，以斜缝放一层砖后，用土坯斜放建造蝎窝，层与层之间放用硬泥弹成的小蛋条（直径3~4厘米，长4~8厘米）排成行后，在每层放些潮碎土，然后再放土坯，土坯上有窝或孔道，如此向上垒4~6层即可。

(4) **蝎室上盖** 整个蝎室上方加一个用水泥（内加铁丝或细钢筋）预制而成的水泥盖，厚度约3.5厘米，盖的中央通一直径6厘米的大孔，在其一侧再通一直径3厘米的通气出蝎孔。每孔用无底的玻璃罐头瓶或药瓶罩上，瓶口朝上，底在下。瓶的下口与盖之间用三合土封严，上口用塑料窗纱扎紧。冬季寒冷时，瓶四周封土，瓶口用塑料布扎严，布上扎上一些小孔；春、秋季再把土扒开；早春大寒，可用塑料布覆盖；暑天中午可在盖上洒1~2次水，以降温并增加湿度。蝎室的一角事先开一个直径约2厘米的圆孔，并设法用物堵塞，为今后大小蝎分离做准备。

10. 假山养殖池式养蝎

假山养殖池式养蝎是指在温室中建造假山进行养蝎的一种方法。假山可用石片或瓦块等和壤土混合在一起建造（图1-14）。假山下边应留一个宽20~30厘米的活动场地，其边缘竖贴玻璃条进行全封闭。假山中可种植一些灌木花草，经常浇水，以保持山坡湿润和花草生长，满足蝎子活动和饮水需要，同时也可以滋生昆虫供蝎子食用。因为假山体积较大，又接近自然状

图1-14 养蝎假山示意图

态，比较适合大量仔蝎做窝和蜕皮。

二、散养场式养蝎方式

散养场养蝎是指在一个场地内建上不同的蝎房、蝎垛进行养蝎的一种较小规模的饲养方法。一般选择坐北向南、北高南低的坡塬地带建造养蝎场，场周围用单砖围成长 10 米、宽 10 米、高 0.8 米的围墙，顺坡的南面墙下留个排水口，内用铁纱网钉严。围墙四壁上端（第一层砖下）镶嵌一圈防逃玻璃条，养殖场中央建造一个半露天塔式养蝎室，四周均匀分布 8 个土坯墙垛。土坯下先用砖砌长 2 米、宽 1.5 米、高 0.2 米的垛基，上面码置长 1.5 米、宽 1 米、高 0.5 米的土坯墙垛，顶上用油毡覆盖。在墙垛与养蝎室之间均匀分布 4 个石垒堆，其他空余地方可栽种些绿色植物、花卉等（图 1-15）。每年在 10 月下旬应翻坯，捕捉土坯垛和石垒堆内的蝎子，将其移入养蝎室内，保证它们能安全越冬。入冬以前，应在养蝎室西、北两侧增设屏风障。

该种养蝎方法设备简单，投资少，生活环境适宜，养殖量大，是家庭和养殖专业户比较常用的一种方法。

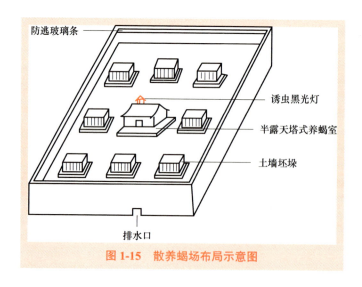

图 1-15 散养蝎场布局示意图

三、大规模养蝎方式

大规模养蝎是指为了充分利用空间及加温、控温，采取立体箱或立体池养蝎的一种方法。所用的立体箱或立体池的建造方法与家庭式养蝎中介绍的方法基本一致，立体箱和立体池的数量相对较多，采取群居产房。由于饲养量大，投资多，需要优化选择各种设施、设备，为蝎子创造良好的生态环境，既能让蝎子生长繁殖良好，又方便管理操作，从而降低单位成本，使规模养殖产生良好的效益。

1. 群居产房

群居产房是指许多孕蝎同在一个蝎室内产仔的蝎房。为了提高蝎子的成活率，防止蝎子之间互相干扰和保证仔蝎安全，最有效的办法是给孕蝎提供一个适宜生产的环境——产房。通常使用槽穴泥板、坑板或巢格板做垛体。

（1）槽穴泥板的制作方法　先制作泥板磨具和槽穴压膜，而后再制作泥板。泥板磨具一般采取木质的，内设有长45厘米、宽30厘米、高7厘米的可活动木框，加上活动挡板后，再套上长木条即可开始做泥板。槽穴压膜是在长45厘米、宽30厘米、厚2厘米的木板上钉上两行足角形凸起的模型。足角向内，每行8个，足角凸起模型的前端伸直部分高1.5厘米、长6厘米、宽3厘米。后端足角部分高2.5厘米、长7厘米、宽5厘米，呈龟背状。以上两种磨具制成后，先打光磨滑，然后再使用。

取老墙土或老房土，用净水和成泥浆压入泥板模具内抹平，再用槽穴压膜在模具内泥板上压出足角形槽洞，待泥板稍干时再用压膜压一次，以便槽洞形成。成型的槽穴泥板晒干后即可使用。

（2）坑板的制作方法　先制作泥板磨具和坑穴压膜，而后制作泥板。泥板磨具采取木质，内设有长50厘米、宽40厘米、高6厘米的可活动木框，加上活动挡板后，再套上长木条即可做泥板。坑穴压膜是在长40厘米、宽40厘米、厚2厘米的木板上钉上每行7块，共7行，即49块小木块，小木块长3厘米、高3厘米、宽3厘米。将以上两种磨具制成后，也应打光磨滑后再使用。

与槽穴泥板的制作方法基本相同，将成型晒干后的坑穴板码垛。垛与垛之间须用木块等保留3厘米左右的缝隙，以便蝎子出入活动。

（3）巢格板的制作方法　巢格板的制作方法与坑板的制作方法相似，在此不再进行详细介绍。巢格板是由两块同等大小，规格为长63厘米、宽23厘米、厚4厘米的带窝的水泥板内外合并组装而成的。其内板的内面光滑，外面均匀地做成 12×6 个规格为长 3 厘米、宽 4 厘米、深 3 厘米的凹形方格式蝎窝，周围从边缘往里凹 1 厘米，制作高为 1 厘米的周边围框。外板的内面制作成同样规格的凹形方格，外面在与内面方格对应的部位每隔一个方格再制作一个规格为 1 厘米的圆形小孔，作为蝎子进出蝎窝的小门。把内外板对齐靠紧，再用 6 号钢筋夹子夹住，即可组成一个单元的巢格板蝎窝。而后将巢格板立起，一个单元连接一个单元，便可做成垛体。

2. 母仔蝎自动分离装置

母仔蝎自动分离装置是指能将母蝎留在产房，大小仔蝎可通过不同缝隙小孔分离的一种装置。根据分离方法不同，将母仔蝎自动分离装置分为筛分式分离装置和滤分式分离装置。

（1）筛分式分离装置 一般先用砖块砌长 200 厘米、宽 100 厘米、高 50 厘米的长方形墙框为产房围墙。在围墙四壁上端镶砌一圈防逃玻璃条。产房中间用砖砌长 150 厘米、宽 50 厘米、高 25 厘米的长方形砖框，在砖框上盖长 75 厘米、宽 50 厘米、厚 6 厘米的水泥板两块，形成一个 150 厘米×50 厘米的水泥面垛体平台。平台上下缝隙均需用水泥抹严，以防仔蝎乱钻。在紧贴平台四周边缘安装一个倾斜成 30 度角的玻璃滑梯，使仔蝎能滑入平台和防止其重新爬上平台。滑梯上镶嵌高 20 厘米的小孔铁筛一圈，铁筛孔长 2 毫米、宽 5 毫米，仔蝎可以钻过去，起到过滤筛分的作用。在垂直装置的小孔铁筛上端，平行装置宽 15 厘米的玻璃条一圈，两边出檐，以防母蝎跨越铁筛或仔蝎顺筛上爬再次进入平台。平台上用坑板等做成产房。

（2）滤分式分离装置 这是一种中间为产房、两侧或一侧为仔蝎饲养室的装置。产房用坑板等做垛体，在产房两端或一端用砖搭成宽与砖同宽、长与池内宽相同、高 10 厘米左右的平台，平台上面和四周缝隙用水泥抹严。靠近平台处的墙上留开 2 毫米宽的缝隙，为过滤缝隙。幼蝎池与过滤缝隙的左右高做成 60 度角并镶嵌玻璃条，使之形成滑梯，可防止从过滤缝隙爬过来的仔蝎再爬回去，起分离过滤作用。过滤缝隙宜用金砂布打磨光滑，勿使其断端有锐锋，以防母蝎钳肢嵌入后不能取出。

在实际生产中，以上两种装置起主要作用的分离筛和过滤缝隙（孔）是可以互相置换的，并且两种装置不仅可以在同一平面上用，而且可以在垂直位置的两层之间使用，所不同的是分离筛和过滤缝隙的区别。

上面介绍的分离装置可以把仔蝎从产房分离到仔蝎池中，但实际养殖中，仔蝎并不能全部自动分离到幼蝎池中，产房中往往会有一部分仔蝎没有分离出去。为了保护产房内的仔蝎不被母蝎蚕食，可以利用产房内的垛体缝隙结构和2龄蝎在离开母背后喜静不喜动、爱避光钻小缝隙的特点，适当配置小缝隙和大缝隙垛体，以达到分离的目的。

一般可在产房内的垛体上码置两种缝隙的垛体，一种是大缝隙的产仔垛体，垛体中坯板缝隙为2~3厘米，供孕蝎产仔和休息；另一种是小缝隙垛体，垛体中坯板缝隙仅为2~4毫米，供离开母背的2龄幼蝎栖息。这样的两种垛体码置在一起为一组，两组垛体的产仔垛体相对，中间留出40厘米左右宽的孕蝎活动场地，组成孕蝎产室；小缝隙垛体也相对，中间留出40厘米左右的2龄蝎活动场地，组成2龄蝎养室。这种"分组码垛，以垛作室"的方法，自然形成分厢的垛墙。为了防止老幼蝎之间互相窜越，可在每组垛体中间缝隙处垂直插入一排玻璃条，玻璃条外露部分与围墙上端防逃玻璃条相连接，使各室蝎子受到限制而不能同群。再在蝎池两端配备筛分式或滤分式分离装置，这样就尽可能地把母仔蝎及时分离了。而上述这种产房仅可以供未分离仔蝎暂时躲藏用，待产仔结束后，应及时翻垛，捕移母蝎后另养。

四、塑料温棚式养蝎方式

塑料温棚式养蝎是指充分利用太阳能，通过提高和保持棚内温度而进行养蝎的一种方法。该种养殖方式投资不大，但很实用，而且保温性良好，有利于蝎子生长、发育和繁殖，是近年来比较流行和值得推广的一种养蝎方法。

1. 塑料温棚养蝎的优点

（1）温度和湿度容易控制　据实际测定，在我国北方地区，最冷的12月至第二年的2月，塑料棚内的温度比外界气温高10~15℃，通过蝎子本身的温度和塑料棚的保温作用，较容易把棚内温度控制在25~35℃。同时，能把棚内的空气相对湿度有效控制在60%~80%。这样的温度和湿度完全可以满足蝎子生长发育和繁殖所要求的条件。

（2）有害气体含量容易控制　据测定，若使用无毒害作用的塑料薄膜盖棚，只要控制好通风换气，人进入蝎棚内不会感到刺鼻刺眼，棚内的二氧化碳、氨气等有害气体含量一般就不会超标。

（3）提高生长发育速度和繁殖效果 塑料棚控温养蝎，可大大提高蝎子的生长速度和繁殖效果。在原来不保温情况下养蝎，需要 3 年才能长成成年蝎，而在塑料温棚内控温养殖仅需 1 年左右就可养成；由原来的每年繁殖 1 胎提高到每年繁殖 2~3 胎，经济效益可观。

2. 塑料温棚的建造

（1）选择好建棚的位置与方向 塑料棚设计除了参照上面养蝎场址选择的要求外，还应该注意以下几个问题。

1）尽量选择地势较高且干燥的地方，不仅能防止棚外脏水流入棚内，而且还便于排出棚内薄膜滴落的积水，降低棚内的湿度。

2）要避开高大建筑物或树木，以防影响太阳光的照射，进而影响棚内温度。

3）为了更多地利用太阳光照时间，塑料温棚一般以坐北朝南方向为宜。但由于各地冬季的主导风向不同，为了达到背风的目的，棚的朝向一般选择与主导风向正好相反，但最多不能偏离正南方向 15 度（图 1-16），因为偏角超过 15 度时，棚内获得阳光照射的时间会明显缩短。

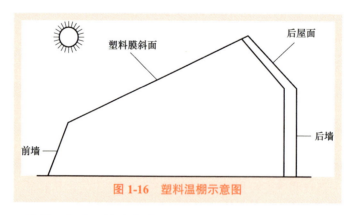

图 1-16　塑料温棚示意图

（2）塑料温棚建设的技术指标

1）塑料棚面的角度。太阳光与塑料棚夹角大小影响塑料膜的透光率，当太阳光与塑料膜夹角为 90 度时，透光率最高；夹角越小，塑料棚的反射越大，透光率越低。当然，这对于全部用塑料膜覆盖的蝎房来说是不存在问题的，但对于用砖做围墙或有挡光的棚舍来说，若棚的坡度不合理，就会影响透光率。

2）塑料膜的质地。塑料膜的质地对阳光透过率有很重要的影响。要选择透光率较高而对地面的长波辐射透过率较低的塑料膜，以便充分利用太阳能，并能有效地保存能量。

常用的塑料薄膜主要有聚乙烯膜和聚氯乙烯膜，两者的透光率很接近，但在保存能量方面，聚乙烯膜不如聚氯乙烯膜。因此，在建造棚舍时使用聚氯乙烯膜比较合适。塑料膜的厚度一般以 0.2~0.8 毫米为宜。塑料膜过厚，保温性能好，但透光差；过薄，透光好，但保温性能差。

(3) **通风换气的设置**　排风口应设在棚顶的背风面，并高出棚顶 50 厘米，排风口的顶部要装防风帽，进风口一般设在南墙，其大小以排风口的 1/2 为宜。根据热压换气原理，热空气（污染空气）由排气口排出，新鲜空气由进气口进入。这样不仅可以防止冷风侵入，还可以使换气顺畅，达到通风换气的目的。同时，还可有效地调节棚内湿度，降低棚内有害气体的含量。

排风口与进风口的数量可根据塑料棚的大小来定，大规模棚舍养蝎时，可多装几个进、排风口，小规模棚舍可少设几个进、排风口。

(4) **适宜的建棚形式与规模**　塑料棚的形式多种多样，在养殖过程中，可根据实际情况选择，较为理想的是采用半砖墙塑料膜温棚和前后坡式塑料膜温棚养殖（图 1-17）。半砖墙塑料膜温棚适宜在平地上建造，而前后坡式塑料膜温棚适宜在山坡上建造。

虽然塑料棚的建造形式较多，但无论如何建造，应遵循以下原则：一是利于加温和保温；二是要经济实用，降低成本；三是能保持

图 1-17　前后坡式塑料膜温棚

较好的通风和挡雨作用；四是能防止老鼠、蚂蚁等天敌的入侵；五是建造结构要科学合理，便于管理。

3. 塑料温棚的管理要点

塑料温棚内的饲养管理应遵循养蝎的一般管理原则和方法，若是控温养殖，还应遵循控温养殖的管理方法，但同时应根据塑料温棚的特点进行针对性管理。

（1）塑料膜的选择 塑料膜的选择对温棚养蝎的效果影响很大。要选择无毒膜和无滴塑料膜。若采用普通的有滴塑料膜覆盖，在密闭条件下，特别是控温条件下，塑料膜的内表面会形成一层细薄的小水珠。水珠为冷凝水，对阳光有散射和吸收作用，会使室内的光透量减少30%左右，严重影响室温的提高。另外，水珠凝聚到一定程度时会滴落下去，对蝎子的生活环境造成影响。

（2）扣膜的要求 无论是新建的还是在原有旧房基础上改建的，扣膜时都要确保温棚严密、牢固。在塑料膜与地面（墙）的接触处，要用泥土压实，防止贼风进入，发现破漏时及时粘补。

（3）通风换气时间及配备草帘的要求 通风换气一般在中午前后进行一次，通风时间以10~20分钟为宜。当然，还应根据室内温度和湿度的情况及饲养密度来确定具体的通风时间及次数。

一般情况下，我国大部分地区昼夜都有温差，少则几度，多则十几度，甚至20℃以上，对蝎子的生长发育和繁殖具有一定的影响。为了减少温棚昼夜间的温差，夜晚需将草帘或毛毡毯等盖在塑料膜的表面，当白天气温升高时，将其卷起来，固定在棚顶部，下午再放下。如气温过低，可临时加厚草帘或毛毡毯等（图1-18）。

（4）揭棚时间及塑料膜的清护要求 进入温暖季节，当

图1-18 塑料膜温棚上的保温层

室外温度稳定在25℃以上时，可逐渐扩大揭棚面积，揭棚时只能把两侧塑料膜揭去并向上卷，顶棚留作挡雨，若有半墙的只需注意通风便可。若是夏季，中午日照过于强烈，最好在顶棚加盖黑色遮阳网。

平时要经常巡视温棚外有无破裂和漏洞，如有破裂处和漏洞，则及

时粘补。扣膜期间要经常擦抹塑料膜表面，以保持膜面清洁，保持良好的透光率。

【提示】
无论使用哪种方法养蝎，都必须因地制宜，给蝎子创造一个接近自然的、良好的生态环境，精心饲养管理，确保蝎子正常生长发育和繁殖。

五、蝎子无休眠养殖方式

蝎子无休眠养殖是打破蝎子的自然生长规律，人为地创造适宜蝎子生长的温度和湿度，通过加强营养管理，使蝎子的生活进程明显加快、营养生长期和生殖生长期明显缩短的一种饲养方法。

1. 无休眠饲养的特点

无休眠饲养需要具备可以加温控制和有良好保温性能的建筑设备，通过人为地创造适宜蝎子生长的温度、湿度和生活环境，打破蝎子休眠越冬的习性，使其一年四季不停顿地生长发育、交配繁殖。这样，蝎子在温度和湿度正常、饲料供给充足的条件下就能顺利地多蜕皮1~2次，成年蝎活动正常，孕蝎能提早产仔，分娩顺利，仔蝎成活率明显提高；蝎子完成1个世代只需10~12个月，1年可繁殖2次，比自然条件下能提前两年多成熟。

2. 无休眠饲养的温度和湿度要求

在自然情况下，由于气温的变化，蝎子在一年中可经历生长期、填充期、休眠期和复苏期4个阶段（图1-19）。生长期是蝎子一年内生长发育和繁殖生育的最佳时期；蝎子在填充期蓄积脂肪，储备越冬所需营养，生长发育进展缓慢；蝎子在休眠期停止活动、采食，新陈代谢缓慢，生长发育停止；在复苏期，蝎子苏醒出蛰，由于温差大，消化能力差，主要靠躯体的吸湿功能吸收少量的水分，利用躯体蓄积的营养物质和摄食少量的风化土来维持生命。因此，蝎子在一年中食量增加，消化能力增强，活动范围和活动量加大，生长发育、交配繁殖的高峰期只有150~160天，即生长期。

采用无休眠饲养方式，在蝎子的生长和蜕变期内，保持适宜的温度和湿度，使蝎子的生长发育一直很旺盛，活动量大，消化能力强，对饲料营养的吸收利用率高,从而使蝎子在一生中不会再出现填充期、复苏期,更不会出现休眠期。

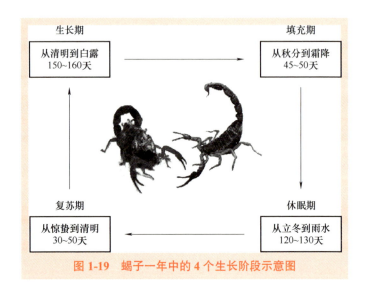

图1-19 蝎子一年中的4个生长阶段示意图

蝎子在极限温度(下限 –2℃,上限 42℃)范围内能够生存,但是,在 –2~0℃和 40~42℃时存活时间很短。12~39℃是蝎子生长发育的适宜温度,32~38℃是蝎子生长发育的最适温度。在 –2~11℃时,蝎子就开始冬眠。

(1)温度要求 蝎子属变温动物,温度对蝎子的作用最为显著,蝎子的生长发育、交配繁殖等一系列的生命活动都受温度的影响。由于不同蝎龄的蝎子繁殖和成长需求不同,对温度的要求也有差异。例如,产期蝎需要 32~39℃的温度,初生仔蝎需要在 32℃以上才能成长,而 4 个月以上非产期蝎适宜的生长温度为 25~39℃。其实在 25℃或 25℃以下,蝎子虽然不冬眠,但是代谢水平很低,食欲差,消化能力差,几乎不吃饲料或吃得很少。长期如此,蝎子体内营养消耗殆尽,得不到及时补充,严重抑制蝎子的生长发育,甚至会形成慢性脱水,引起死亡。所以,实行加温饲养,温度要保证达到 30℃以上,以 35℃左右为宜,最高不超过 40℃。

在无休眠饲养过程中调节温度时必须注意以下几点:一是间歇性

加温。当昼夜露天平均温度达到 13~15℃时，白天可不加温，利用太阳光的热量来保持饲养室的温度；夜间可进行间歇性加温，让室内保持适宜的温度。北方地区的间歇性加温期是早春 3~4 月和深秋的 10 月。二是维持性加温。当昼夜露天平均温度降至 12℃以下时，必须昼夜加温，并给棚顶加盖草帘，使饲养室内温度维持在 25~38℃。北方地区的维持性加温期在 11 月上旬到第二年 2 月下旬。三是降温期。当室内温度达到 38℃以上时，可用棚顶遮阴和适当通风法给饲养室降温，以保持饲养室内适宜的温度。北方地区一般从 5 月上旬开始降温，至 7 月结束。

(2) **湿度要求**　湿度的大小对蝎子的生长发育影响较大。蝎子虽然喜湿，但在不同发育阶段对湿度的要求也不一样，湿度过大对其生长也没有利。例如，孕蝎需要的环境湿度较小，而产蝎需要的环境湿度较大。温室中的湿度可以根据蝎子的发育阶段进行人为地调节。一般蝎窝（池）内的土壤湿度为 10%~20%（最适宜的土壤湿度为 15%~18%），空气湿度为 65%~75%，通常可用干湿度计测定。

3. 温度和湿度对加温蝎的影响

养蝎室（窝）的温度和湿度控制必须协调好，如果出现低温低湿、低温高湿等情况，会严重影响蝎子的生长发育。

(1) **高温高湿对蝎子的影响**　养蝎室（窝）内处于高温高湿环境时，极易产生曲霉菌，导致圈养蝎发生真菌性疾病，有时还可以造成养殖环境被微生物污染的现象。

(2) **高温干燥对蝎子的影响**　养蝎室（窝）内处于高温干燥环境时，蝎子的活动量增大，代谢能力加强，体表水分蒸发量增加，外界水分和体内水分都不能满足自身需要，可导致蝎子发生急性脱水等病，严重时会引起蝎子烘干性死亡，尤其是 1 龄仔蝎，在几十分钟内就会被烘干。

(3) **低温高湿对蝎子的影响**　在低温环境下，蝎子的活动量小，代谢水平低，不需要太多的水分。由于蝎子喜湿，会纷纷从垛上爬到地面上，时间长了，极易导致蝎子成片地死亡，特别是 2~3 龄蝎受影响最大。另外，长期处于低温高温环境中，蝎子很容易发生霉菌性疾病或腹胀现象，常会出现消化不良等症状。

(4) **低温低湿对蝎子的影响**　当环境温度和湿度均低，且二者处于平衡状态时，蝎子虽然不会大量死亡，但生长发育会受到抑制，蝎子不蜕皮，往往会长成小老蝎。

4. 无休眠饲养过程中温度和湿度的调节

在无休眠饲养过程中，养蝎室（窝）内的温度与湿度适宜与否，对蝎子的生长繁殖影响很大。因此，必须严格控制并按要求统一协调，在每一次偏差出现之前，即应采取矫正和补救措施，以保证养蝎室（窝）内适宜的温度和湿度。

（1）**温度调节** 一般情况下，需要升温时，可利用阳光增温，即在养蝎室（房）顶部设玻璃天窗，夜盖草帘，中午打开草帘吸收光热，或在室内生火，利用暖气加温。需要降温时，可在养蝎室（窝）内喷洒冷水或给养蝎室（窝）遮阴等。

（2）**湿度调节** 增加湿度要因季节而异。在炎热的夏季，可在养蝎室（窝）的地面洒水，保持蝎子的供水器（海绵）潮湿；也可在室内挂上几条湿毛巾，以加大空气湿度。冬季可在火炉上放水盆或在暖气片上放湿毛巾（图1-20）。减湿则可通过采取打开养蝎室活动场所窗门通风等措施进行。一般情况下，养蝎室内湿度的大小应与温度的高低成正比，即温度较高时，湿度应大一些。温度高了，如不加湿，必然出现干燥现象；湿度大了，若不及时加温，必然会出现高湿现象。在加温时要随时注意湿度的变化，在增加湿度时要注意温度的变化，以协调温度和湿度的关系，保证蝎子处在适宜的生活环境中。

图1-20 无休眠饲养法示意图

5. 加温饲养方法

加温饲养就是对养蝎室（窝）实行供温，保证各龄蝎对温度的要求，使其常年都能生长、发育和繁殖的一种方法。根据加温设备及取暖方式不同，加温饲养蝎子有多种方法，每个饲养场（户）可根据自己的条件进行选择。目前常用的加温饲养法主要有以下几种。

（1）**火炕加温饲养法** 火炕加温饲养法所用的火炕是根据北方地区家庭冬季保暖用的土炕改进而成。火炕用砖坯砌成，炕面下留烟道呈"日"字形，靠近灶膛一侧的进火口与烧火口相通，中央烟道与进火口之间设置分火砖，可将烟火分成三股进炕。出烟口与中央烟道相通，连接烟囱通到房外。中央烟道两边埋入数个瓷缸或瓦缸，缸口略高出炕面，缸内垫上5~10厘米厚的风化土，上覆沙子，沙子上面再用砖或瓦片垒成垛体。烟道上用土坯棚做炕面，上抹麦秸泥3~4厘米厚，通过控制烧火次数或加减缸上覆盖物来调整缸内的温度（图1-21）。

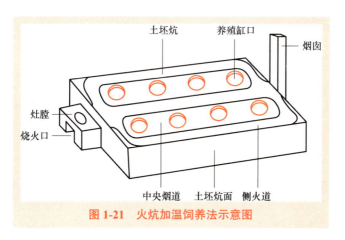

图1-21　火炕加温饲养法示意图

（2）**土暖气加火墙加温饲养法** 土暖气加火墙加温饲养法要求加温饲养室要坐北向南，两间饲养室中间要砌一道火墙，火墙用新砖砌成，再用水泥沙浆勾缝，砖外不再抹别的东西。烧火的炉子要建在饲养室的南面、前墙以外，炉子内直径约40厘米，深约50厘米。炉内用直径6厘米的无缝钢管做成双马蹄形管，有3根管子通向外面，其中两根管子用于热水循环，一根管子用来连接水箱。把做成的土暖气锅炉卡进烧火的炉膛内，外接暖气片，这样火走火墙，由火墙散热到两个饲养室，再由炉膛的火加热土暖气炉，热能可再利用1次，使饲养室内温度很快提高。火墙烟道有两种走向，无论采取哪种走向都可以（图1-22）。这样在房内采用盆养、缸养、池养、箱养均可。

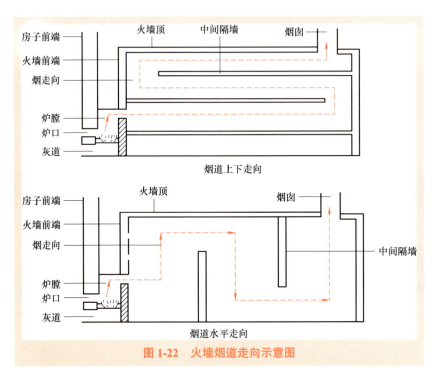

图 1-22　火墙烟道走向示意图

（3）**火墙塑料大棚加温饲养法**　火墙塑料大棚主要是由北方家庭取暖用的"火墙"与种植蔬菜用的"塑料薄膜大棚"两种设备改进结合而成。要求先建坐北向南的"九孔火墙"（图1-23），火墙的北墙用土坯水平垒砌，以便更好地保温。南墙用立坯垒砌，墙壁薄，便于散热。火墙高以2米为宜，南北两墙组成槽形通道，一端与烧火口相通，一端与烟囱相接。通道内加挡烟隔墙8个，靠近火口一侧间距较小，其他隔墙间距依次加宽。第一挡烟隔墙的留烟孔在隔墙上端，第二挡烟隔墙的留烟孔则在下端，依此类推，至第八挡烟隔墙边接通烟囱时为九孔火墙。

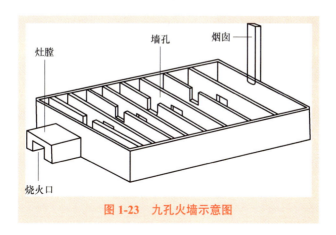

图 1-23 九孔火墙示意图

火墙建成后，沿火墙砌成高 0.4 米的小棚围墙，南北围墙呈斜坡状，西围墙上安装一个宽 0.6 米、高 1 米的外开小门。架设的棚架要平整坚实，架杆不影响采光。向南倾斜面用双层塑料薄膜覆盖。室内为饲养室，在室内基础围墙的上端镶嵌防逃玻璃条。在靠近火墙的一侧用砖、瓦片或煤渣码置蝎子栖息的垛体蝎窝。早晚利用火墙加温，小门加挂门帘，棚上覆盖草帘，白天则可揭去草帘，利用太阳光照热量给饲养室加温（图 1-24）。

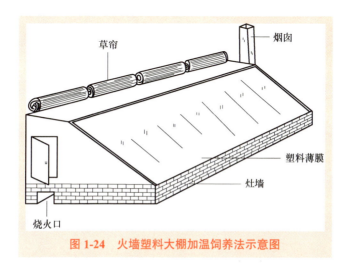

图 1-24 火墙塑料大棚加温饲养法示意图

6. 加温饲养的注意事项

（1）保证适宜的温度和湿度 加温饲养过程中，除了保证供温以外，饲养室（窝）内的保温保湿工作也十分重要。为了使所供的温度散失得慢一些，饲养室必须安装吊顶，吊顶的材料必须有保温作用，窗户也必须用双层薄膜封好，门最好安设棉帘等保温设施（图 1-25）。采用塑料薄膜大棚饲养时，棚上要覆盖保温的草帘，白天有阳光时可揭去草帘，利用阳光的热量加温，室内的湿度应根据要求协调控制。

图 1-25　吊顶的蝎房

（2）控制好饲养密度 由于加温饲养蝎子投入大、成本高，有时为了充分利用空间，往往通过增加饲养密度来降低成本。但是密度过大，容易发生蝎子自相残杀等现象，蝎子的死亡率增加。因此，在饲养过程中，应采取分组饲养与改进的常温饲养相结合的办法。即将同龄蝎分在一个小区或几个箱、盘中饲养，到了春季气温回升后，把加温室内繁殖的 3 龄以上的蝎子转移到常温池或箱内饲养，尽量降低饲养密度，以减少损失，提高蝎子的成活率和养殖效益。

第二章
建造适宜场所，向设施要效益

第一节　建造蝎窝的误区

一、对蝎子的生活习性认识的误区

许多养殖户认为，蝎子属于野生动物，虽然不像家畜那样经过人工驯养后能适应不同的人造环境而正常繁衍生长，但是只要把蝎子放到自然环境中饲养或创造一个近似野生环境的地方饲养就能把蝎子养殖好。这种认识是很片面的。

蝎子虽小，但其生活习性却很特别。蝎子属于野生肉食变温动物，尤其是对生存环境的地理位置、温度和湿度、光线、卫生、食物及饮用水等要求很严格，不同生理阶段的蝎子需要不同的环境条件。并不是像有些人认为的那样，人为地选择一个自然环境就可以使蝎子很好地繁衍下去。更何况人工养殖蝎子是需要进行一定的投资建设、需要进行一定的经济核算，从而获得较好的经济效益的一项经济活动。

二、人工养殖蝎子的误区

有些人认为，人工养殖蝎子就是人为地给蝎子搭建一个蝎窝、创造一个小的接近自然的生活环境，给蝎子提供喜欢的食物和饮用水而进行养殖的一种方法。殊不知人工养殖蝎子是一个很复杂的综合过程，并不像有些人认为的那样简单。人工搭建的蝎窝、蝎棚等设施虽然是模仿蝎子的生活习性而建造的，但毕竟是人为的，蝎子在这种人为的"自然环境"中生长，其野性行为（一旦蝎子受到不适应的因素刺激，就要想方设法逃跑，到处寻找更适宜的生存环境）会受到限制，自然会对蝎子不利。

因此，要养好蝎子，必须要清楚地了解蝎子的生活史，熟悉蝎子的生活习性和各种生理特点，严格按照蝎子的生活习性，给蝎子创造一个最佳的生长发育环境，并进行针对性地饲养管理，否则可能会造成重大的损失。

第二节　蝎子的生活习性

一、蝎子的生活史

常温下，蝎子从仔蝎到成年蝎需要 3 年左右的时间，蝎子的繁殖期为 4~5 年，每年产 1 胎，寿命高达 7~8 年，产仔期约 5 年。在自然条件下人工养殖的蝎子与野生蝎子的生活史基本相同，且由于家养蝎子受到人为的保护和管理，其一般生长发育和繁殖能力都优于野生蝎子。由于人为地创造恒温（26~38℃）条件，可以部分地改变蝎子的生活习性，且蝎子一年四季均能生长发育，各龄期的蜕皮间隔时间也明显缩短，从仔蝎到成年蝎只需 8~10 个月，交配过的雌蝎 3~4 个月便可繁殖 1 次，全年能繁殖 2~3 次，养蝎的效益可明显增加。

蝎子具有变温动物的共同特性，即在一年的生长发育周期中，随着季节气候的变化而表现出不同的生活方式。在人工养殖蝎子时要充分了解和认识这一特点，在实际饲养过程中加以掌握，以便达到事半功倍的效果。在我国北方大部分地区，野生蝎子一年中可分为生长期、填充期、休眠期和复苏期 4 个阶段。

1. 生长期

一般从"清明"到"白露"（150~160 天），是蝎子全年中营养生长和繁殖生长的最佳阶段，故称为生长期。每年在清明节前后，气温逐渐回升，气候逐渐转暖，昆虫开始复苏出蛰，野生蝎子的天然适口食物逐渐增多，蝎子的消化能力也随着气温的升高而不断增强，其活动范围和活动量也日渐加大。在此期间，以"夏至"到"处暑"这段时间活动最为活跃，取食量最大，新陈代谢最为旺盛，是营养生长和繁殖生长的高峰时期。蝎子的交配和产仔也大都是在此期间进行的。在人工养殖条件下，如果给以适宜的条件则可延长蝎子的生长期。

2. 填充期

从"秋分"到"霜降"（45~50天），蝎子将积极积累和储存营养，为进入冬眠入蛰前进行生理准备，故称为填充期。自"秋分"以后，气温开始逐渐下降，在此期间，野生蝎子为了越冬，食量大增，尽量觅食，补充营养，并将所摄取的营养转化为脂肪储积起来，以便维持冬季休眠期和来年复苏期机体所需的营养。

3. 休眠期

从"立冬"到"雨水"（120~130天），蝎子的生长发育完全停滞，新陈代谢降到最低水平，处于休眠蜷伏、完全不吃不喝的状态，以安全度过不良环境条件，故称为休眠期或蛰伏期。秋末冬初，气温逐渐下降，天气转冷，蝎子即停止采食等活动，大多数集体转移到距地表30~80厘米深的窝穴内，缩拢起触肢与步足，尾部上卷，蛰伏越冬。

4. 复苏期

从"惊蛰"到"清明"（30~50天），此时严冬已过，暖春将临，处于休眠状态的蝎子开始苏醒出蛰，故称为复苏期。"惊蛰"以后，气温开始上升，蝎子便由静止状态逐渐转入活动状态，此过程即为复苏。但由于早春气温偏低且昼夜温差较大，这时蝎子的消化能力和代谢水平还较低，其活动时间和活动范围也都不大，除白天晒暖时间逐渐增长外，夜间很少出窝活动。此时蝎子只能凭借躯体所具有的吸湿功能从环境中吸收少量的水分，利用填充期所储积的营养物质和食入少量的风化土来维持生命。

二、蝎子的习性

1. 栖息环境

野生蝎子喜欢生活于片状岩和泥土混杂的山坡，不干不湿、植被稀疏、有些草和灌木的地方。在树木成林、杂草丛生、过于潮湿、无石土山或无土石山以及蚂蚁多的地方，蝎子很少或者根本就没有。蝎子居住在天然的缝隙或洞穴内，但也能用前3对步足挖洞。蝎子喜温暖，怕严寒，当气温降到10℃左右时，便潜伏于土中冬眠，在窝中不食不动；当气温上升到10℃以上时，又开始苏醒活动。蝎子生长最适宜的温度为25~39℃，在此温度下，蝎子最为活跃，生长发育加快，产仔、交配也大都在此温度范围内进行。若温度超过39℃，机体水分蒸发量加大，又得不到补充时，蝎子就会躁动不安，发生异常行动，如互相蚕食、咬杀，或因极度缺水而死亡；有时表现抑制型，类似冬眠现象，称为"夏眠"。温度超过41℃时，蝎子极易出现脱水而死亡。温度超过43℃时，蝎体很快产生烘干性失水，肢体瘫痪，从而迅速死亡。蝎子活动、生长发育、蜕皮时间与温度的关系见表2-1。

表2-1 蝎子活动、生长发育、蜕皮时间与温度的关系

温度	孕蝎产仔时间	吃食时间	蜕皮所需时间	每天活动时间
35~38℃	1分钟产仔2个，不间隔	2~3天	60分钟	4.5~5小时
30~35℃	1分钟产仔2个，间隔10分钟	3~4天	70~90分钟	4小时
28~30℃	2分钟产仔	4~5天	130~180分钟	3.5小时
24~28℃	3分钟产仔1个，但难产，一般仔蝎死亡60%，孕蝎死亡30%	7~10天	180~350分钟	3小时
20~24℃	不产仔，孕蝎死亡很多	10~15天	蜕不下皮面而死亡，占40%左右	2小时
10~20℃	无产仔	20~30天	无蜕皮现象	不太活动
10℃以下	无产仔	不吃食	不蜕皮	不活动

蝎子有迁徙习性，如栖息环境不适宜，便会迁徙逃跑。野生蝎子如果遇上久旱无雨、湿度太低的情况，就会钻入地下约1米深的湿润缝隙处躲藏；若遇阴雨天气，地上有积水，窝内湿度超过80%，这时蝎子又会离开窝穴，爬到无水的高处避水。因此，人工饲养蝎子时要十分注意饲料的水分、饲养场地和窝穴的湿度。一般来说，蝎子的活动场所湿度宜大一些，而他们栖息的窝穴则要求稍干燥些，这样有利于蝎子的生长发育和繁殖。但湿度也不宜太低，如果蝎子的活动场所和窝穴过于干

燥，而且投喂的饲料中水分又不足时，也会影响和阻碍蝎子的正常生长发育，甚至诱发互相残杀的现象。空气相对湿度以 65%~75% 为宜，窝穴的湿度以 15%~18% 为宜。

在人工饲养条件下，由于环境条件的改变，蝎子的生活也出现许多新的现象和特点。其一，由于饲养密度大或饲料缺乏等原因，蝎子常会发生因争窝、争食而互相残杀的现象。其二，雌性蝎子在产前产后尤其怕惊吓。若在产前受到惊吓，便会造成挤压、跃摔，从而引起"流产"；若产后受到惊吓，伏在雌蝎身上的仔蝎便会从母蝎的背上摔下，往往会被雌蝎踩死、撞死或吃掉。其三，蝎子的外逃能力很强，如果养蝎设备不严密，蝎子便会利用一切可以利用的条件，想方设法逃脱，而且蝎龄越小，逃脱能力越强。

2. 活动规律

蝎子胆小易受惊，稍有异常的响动，就会马上躲避，静止不动。蝎子喜欢群居，野生蝎子常在固定的窝穴内结伴定居，每窝的数量视其窝穴的大小而定，少则 2~3 只，多则 5~7 只或更多。每个穴窝内有雌蝎和雄蝎，有大有小，一般都能和睦相处，很少发生互相残杀的现象。

蝎子具有识别窝穴和认群的能力。喜欢昼伏夜出，白天常躲在窝中休息，寻食、饮水及交尾活动多在夜间进行。一天当中，蝎子多在 20：00~24：00 出来活动，到清晨 2：00~3：00 便回窝栖息。蝎子这种活动规律视气候条件而异，一般必须是温暖无风、地面干燥的夜晚，在有风的时候则很少出来活动。一年中，5~6 月和 8~9 月蝎子多在 19：00 出来活动，21：00~22：00 回窝，每天活动 2.5 小时左右；7 月，20：00 出来活动，24：00 回窝，活动时间长达 3~4 小时；11~12 月出窝和回窝时间都提前（温度大于 10℃时），其中 11 月提前到 17：00 左右出窝，一天活动时间约 2 小时。

3. 食性

蝎子是一种捕食性食肉动物。在自然野生状态下，蝎子喜欢吃软体多汁的小昆虫，如黄粉虫、地鳖虫、蚯蚓、蟋蟀、蚂蚱、蜘蛛等。蝎子偶尔也吃风化土、幼嫩多汁的植物和水果。通过人工喂养试验发现，蝎子爱吃米蛾幼虫、玉米螟幼虫、地鳖虫幼虫和黄粉虫幼虫。小蝎子还爱吃洋虫幼虫、印度谷螟幼虫和螳螂的幼虫。至于蝇蛆、家蚕、鼠妇等，仅在没有其他食物时勉强取食（图2-1）。

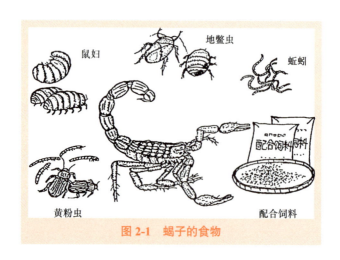

图2-1 蝎子的食物

人工养蝎时主要用配合饲料，也可饲喂新鲜的肉类，如猪肉、牛肉、鱼肉类。但要生喂，因为蝎子不吃熟肉。蝎子因体内有肠盲囊储存食物，所以耐饥能力很强，一般每5~7天捕食一次，每次捕食的数量很大，饥饿时一次能吃掉与自己体重相等的食物，故不必天天喂食。虽然蝎子耐饥饿能力较强，但若长时间得不到食物就会互相蚕食，一般是强吃弱、大吃小，母蝎杀死公蝎。

蝎子捕食时，先张开螯状钳，向猎物步步逼近，然后突然将猎物钳住。蝎子的口小，口中又没有牙齿，因此取食时将从口中吐出含有消化酶的唾液注入猎物中，使猎物的肌肉内脏消化溶解成液体状，然后一口一口地吸吮，将液汁吸尽。与此同时，还可以用螯肢上的齿研磨食物，把猎物研成细块吞入口中（图2-2）。由于消化液的消化和研磨同时起作用，蝎子既能吸吮又能吞食，几乎能将猎物吃光，有时仅留下少量坚硬的细小残渣。

图2-2 蝎子捕食苍蝇

【提示】

掌握蝎子的食性，有针对性地进行饲喂，利于蝎子的生长繁殖，进而提高人工养殖蝎子的经济效益。

4. 趋性

蝎子怕强光，多数时间都是栖息在山坡石砾、树皮、落叶下，以及墙隙、土穴中和荒地的潮湿阴暗处，昼伏夜出（图2-3）。但蝎子也需要一定的光照度，对弱光有趋性，能接受弱的光线，吸收太阳热量，促进新陈代谢，提高消化能力，加快生长发育，还有利于胚胎在蝎体内孵化的进程，缩短怀胎时间。据报道，蝎子对弱光有正趋性，对强光有负趋性，夜间把马灯放在饲养池内，蝎子有慢慢靠拢过来的现象，若用手电筒突然照射，它们会很快逃走。蝎子最喜欢在较弱的绿色光下活动。蝎子视觉迟钝，基本上没有搜寻跟踪、追捕以及远距离发现目标的能力。蝎子行走时尾部平展，仅尾节向上卷起；静止不动时，整个尾部卷起，尾节折叠于中体第5节的背上，毒针尖端指向前方。有时尾部卷起平放在身体一侧，当受到惊吓时，尾部使劲向后弹，呈刺物的姿势。所以，养蝎房的光线要暗，安装的电灯功率不宜太大。

图2-3 蝎子的活动规律

另外，蝎子的嗅觉十分灵敏，对怪味有负趋性，当遇到各种强烈的气味，如油漆、汽油、煤油、酒精、沥青，以及各种化学品、化肥、农药、生石灰等，有强烈的回避现象。蝎子对各种强烈的震动和声音也十分敏感，有时甚至会被震动和声音吓跑，终止吃食、交尾繁殖、产仔，带仔母蝎会出现吃仔、弃仔现象。在饲养和运输蝎子时一定要注意这些。而采收蝎子时，用酒精和烟喷也正是利用蝎子这一特点。

5. 繁殖习性

蝎子为雌雄异体动物，雌、雄蝎子经过交配产生受精卵，受精卵在雌蝎体内（前腹部）完成整个胚胎发育过程，最后孵化成仔蝎产出体外。在整个胚胎发育过程中，仔蝎需要的营养物质全靠本身的卵黄供给，不靠母蝎，故称卵胎生。在自然温度条件下，仔蝎3年才能长为成年蝎，但人工加温饲养时，仔蝎1年就可成熟，随时都可以交配、繁殖。性成熟的雌蝎一年中有两次发情期。一次是在每年的5~6月，叫"产前发情"；一次是在雌蝎产仔后，仔蝎脱离雌蝎背不久，约在8月前后发情，叫"产后发情"。雌蝎发情后，特别是初产雌蝎第一次发情时，必须立即捉放雄蝎进行交配。在一窝蝎中，雌、雄蝎个体的比例一般为3:1，即"一公三母"。

雌蝎接受精子后，其精子可以长期在体内的受精囊内储存，交配一次可连续产仔3~5年。雌蝎从交配到产仔，自然温度条件下需10个月，如加温饲养，就可缩短到5个月，每胎可产仔20~40只（每胎平均产仔30只），雌蝎的寿命可达8年。交配后的雄蝎，由于体力和个体的原因，大约有1%会自然死去，这是生物界强者生存、弱者淘汰的自然现象。无论是人工养殖的蝎子还是野生蝎子均是如此。

6. 生长发育特性

蝎子为卵胎生动物，从仔蝎产出到长成成年蝎，不经过变态过程，但要经过6次蜕皮过程。刚孵化出来的仔蝎没有独立生活的能力，既无力寻找适宜的生存环境，也不具备对敌害的防御能力，所以仔蝎必须由雌蝎背着（图2-4），经过一段时间后才能离开雌蝎去自由生活。仔蝎在母背阶段，不吃、

图2-4　雌蝎背着仔蝎

不喝、不活动，主要靠腹内残存的卵黄来维持生活。仔蝎大约在出生后第4~6天开始在母背上蜕皮，一般在出生后7~10天就能逐渐离开母背而独立生活。

蝎子从出生到成熟需要蜕皮6次，每蜕皮1次就增加1龄，每次可增长5~7毫米。从仔蝎到成年蝎的6次蜕皮过程，也是它不断增长的过程。蝎子从第1次蜕皮到第6次蜕皮体长的增长是呈跳跃式演变的。初生仔蝎称1龄蝎，体长约1厘米，体呈乳白色，形如大米粒，身体肥胖，活动微弱，并有规律地排列在雌蝎的背上，四周的小仔蝎头部大都向外，都不在雌蝎的头胸部和触肢上，以免影响雌蝎接收外来信息。仔蝎出生后4~6天开始第1次蜕皮（在母背上），脱皮需要1~3小时，其时间长短取决于外界环境温度的高低。第1次蜕皮后称2龄蝎，体呈棕黄色，体长约1.5厘米。1个月后进行第2次蜕皮，成为3龄蝎，体长2.0~2.3厘米，不久进入冬眠。第2年6月进行第3次蜕皮，成为4龄蝎，体长2.8~3.0厘米。8月进行第4次蜕皮，成为5龄蝎，体长3.4~4.0厘米。第3年的5~6月进行第5次蜕皮，成为6龄蝎，体长4.5厘米以上。8~9月进行最后一次蜕皮，成为成年蝎，体长约5厘米，此时从外形上可分辨出雌雄蝎。

从2龄蝎以后每一次蜕皮前，蝎子都要先寻找一个温度、湿度适宜的地方。一般蝎子在蜕皮前一周便进入半休眠状态，不食、少动，皮肤粗糙，体节明显，腹部肥大，旧的表皮与新生的真皮开始分离。仔蝎蜕皮时一般用钳肢抓牢砖泥，作为固着点，附肢向内弯曲，停止活动。数分钟过后，借着后腹部的蠕动，旧的表皮便从头胸部的螯肢与背板之间的水平方向开裂，头部先从背缝线中蜕出，随后附肢和前腹部也陆续蜕出。蝎子蜕皮的时间较长，一般需3小时左右。蝎子蜕完皮后，在原处休息，不动不食，体内各组织和器官在迅速扩增。

【注意】

在人工养殖蝎子时，仔蝎出生后，都伏在母蝎背上，第4~6天开始进行第1次蜕皮。此期间要注意，保持周围环境安静，不要让雄蝎进入，以防吃掉仔蝎。

第三节 适宜蝎子生长繁殖的场地和饲养设施

一、蝎场的建造

1. 场址的选择

人工养蝎应根据各地、各养殖场（户）的实际情况选择室外或室内养殖，在场址的选择上要注意以下几点。

1）要求背风向阳，场地一般应在山的南坡向阳面，同时要避开风口。

2）要注意周围的环境条件，通常应选择梯田或相对平坦的山场，周围树木至少要远离蝎场10米，避免遮阴或者树根扎入场区，以免影响蝎窝营建。要求山坡的坡度不超过40度。

3）选场时应从空间上尽量避开蝎子的天敌，如蚂蚁、鼠、蛇、蜥蜴等，以免将来造成危害。但其周围可以栽培一些绿色植物，以便利用这些自然条件滋生昆虫，供蝎子捕捉采食。

4）场地的土质应为壤土或沙壤土，其含水率为6%~14%最佳，以满足蝎子对温度、湿度的要求。土壤的酸碱度以中性或微酸性、微碱性为宜。

5）场地应选在高岗处，能顺利地排出积水，以免发生水淹蝎窝的情况，影响蝎子的正常生长发育和繁殖。蝎场的形状和大小要根据当地条件灵活掌握，不拘一格。场地太小，不利于扩大饲养规模；大场地，要搞好规划，有计划、有步骤地发展（图2-5）。

2. 蝎场的围圈

较大型的养蝎场一般都建在山脚下或远离闹市的偏远郊区，蝎场四周常采用双层围护手段围圈，即在蝎场外围筑起一道防护围墙，再在防护围墙外增设一圈护养水渠，用以防止外人和各种天敌进入养殖场。

（1）场地围墙 围圈时先在蝎场的外围用水泥、沙子和砖建造一圈矮墙，矮墙的下面必须建有50厘米高的地下基础墙，以防老鼠等天敌从地下潜入蝎场内危害蝎子。地上的围墙要求高1.5~2米，在墙的内外两侧距地面40厘米处要抹上一圈水泥墙裙。在南面墙下按照具体设计规划和地理状况，设排水闸门一个（低水位方向），以防蝎场在雨季里产生积水。排水闸应使用铁纱罩。

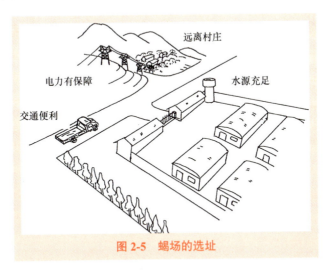

图 2-5　蝎场的选址

（2）护场水渠　在距离护场围墙的外侧 1.5~2 米处，用水泥、沙子和砖筑起一条深 80 厘米、底宽 60 厘米的护场水渠，其进水口距离渠底高 60 厘米，出水口距离渠底高 40 厘米，以使渠内的蓄水深度能经常保持在 40 厘米左右（图 2-6）。构筑水渠时，应准确测定场地坡度，以保证渠底水的深度一致。如果地形复杂，也可不修水渠。

3. 蝎场的布局

人工养蝎场的设施建造和布局是否合理关系到养蝎的成败。要想使各龄蝎都能正常地生长发育和繁殖，场区设施建造和布局所构成的环境应接近野生环境。

待产雌蝎区的设施一般建在场内比较僻静的地方，避免孕蝎在产前、产后受到惊扰；幼蝎区应建在待产雌蝎区的附近；商品蝎区的设施建造，可根据具体情况灵活掌握。但在各蝎房之间要合理增设排水渠道，使雨水能够排入护场水渠或墙外。

4. 绿化带

场内各蝎房之间应设绿化带，可以种植豆科植物、杂草及野菊花等，起到引诱昆虫的作用。

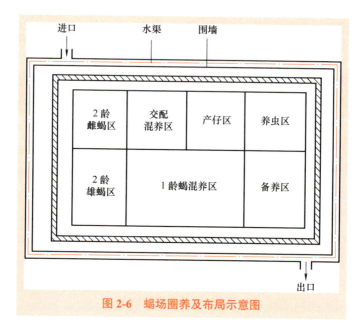

图 2-6 蝎场圈养及布局示意图

5. 诱虫灯

蝎场内常采用黑光灯，将其安装在养蝎室的上面正中央。灯的上端要有防御遮护网，下端配设积水漏斗，漏斗的管状下端通入养蝎房，被诱惑的昆虫便可顺着漏斗口进入养蝎房，供蝎子采食。也可以将黑光灯安装在养蝎房内，但晚上必须开着窗户，以便昆虫飞进养蝎房内（图 2-7）。

二、蝎房的建造

养蝎房可以新建，也可以用空闲的房屋改造。改造时，首先要堵塞屋顶及墙壁四周的缝隙、孔洞，把屋顶和墙壁四周用塑料薄膜裹严，并用长木条固定住。为便于房内加温和保温，可适当缩小室内空间，使改造后的屋顶距地面 2 米左右。地面要打一层混凝土或用砖铺好，以防老鼠等天敌侵入。

图 2-7 诱虫灯示意图

新建的蝎房大小应因地制宜，面积可大可小，但必须建造在地势高、向阳的地方，地基要打牢、地面要坚固，房内必须有通风、保温等措施，并且要远离工厂、公路以及其他有噪声和经常使用农药、化肥等有污染源的地方。

三、蝎窝的建造

人工养殖蝎子一般都是人为地给蝎子建造蝎窝，养蝎能否成功，关键看所营造的蝎窝是否符合蝎子的生活习性。目前，国内蝎窝的类型很多，但比较接近蝎子自然状态的蝎窝（室）主要有以下几种。

1. 平面池砖垛型蝎窝

该种蝎窝的制作方法是，在室内地平面上修建养蝎池，池壁高30~40厘米，池壁内壁衬上一层塑料薄膜，以防蝎子爬上池壁而逃跑。在池子里面垒砖垛，每个砖的四角用稠泥垫起，使砖与砖之间留1.5厘米左右的缝隙。垛与垛之间可给蝎子留上下通道，通道宽2~8厘米（图2-8和图2-9）。但是砖垛不要太大，又大又高的砖垛缝隙较深，蝎子一般不会去深处栖息。高大的砖垛往往不能得到充分利用，甚至造成浪费，增加养殖成本。

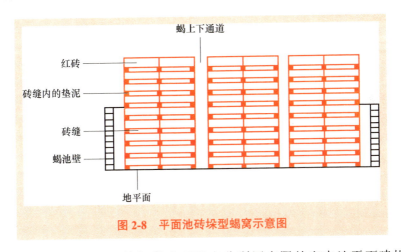

图 2-8　平面池砖垛型蝎窝示意图

平面池砖垛型立体饲养法可以充分利用有限的室内地平面建垛体，既扩大了饲养面积，又能减少蝎子在砖垛缝隙内互相见面或接触的机会，蜕皮时被其他蝎子吃掉的概率就小，可大大提高养蝎的成功率。

图 2-9　平面池砖垛型蝎窝

2. 半地下式室外池蝎窝

该种蝎窝适合室外养殖，其制作方法是，在室外选择合适的场地，蝎池一半建在地上，一半建在地下。地下部分修成半坡形小矮棚，春秋两季气温开始下降时，可在池上加盖塑料膜，以增加池内温度，延长蝎子的生长期；在冬季，要保持池内温度不低于 8℃，以保证蝎子能顺利安全冬眠，防止冻死（图 2-10）。

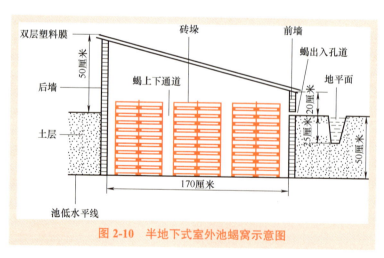

图 2-10　半地下式室外池蝎窝示意图

3. 平面池瓦片垛型蝎窝

该种蝎窝的建造基本上与平面池砖垛型蝎窝相同，所不同的是，该种蝎窝垛体是用瓦片垒垛而成，其缝隙多且大，适宜饲养成年蝎和种蝎

(图 2-11 和图 2-12)。

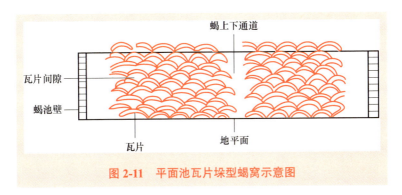

图 2-11　平面池瓦片垛型蝎窝示意图

图 2-12　平面池瓦片垛型蝎窝

　　蝎窝的做法多种多样，可根据条件灵活制作。但无论采用什么方法制作，都要设法为蝎子创造一个便于生活的、安静而舒适的环境。

　　无论采用哪种方法建造蝎窝，所使用的砖和瓦都必须是新的。旧砖、旧瓦或在室外堆积时间较长的砖瓦，容易受污染而带有致病菌等，在使用前一定要洗涤和消毒。

四、蝎子养殖场配套设施的建设

　　养蝎场除了给蝎子提供适宜生长发育和繁殖的蝎窝外，还要有其他配套设施。

1. 饲料房

饲料房用于放置各种蝎子饲料（包括饲养饲料虫的饲料）、添加剂、复合维生素、饲料盆、水桶及用料登记本等。饲料房的大小要根据蝎场规模而定。

2. 饲料虫饲养室

蝎子是野生动物，其食物大部分来自于自然界的昆虫。但人工养殖蝎子时，所需的昆虫往往难以从自然界大量获取，必须靠人工饲养获得。稍有规模的养蝎场一般都应该建有自己的饲料虫饲养室，以满足养蝎需求。

饲料虫饲养室最好建成同养蝎房一样的结构，因为饲料虫和蝎子一样，也有冬眠的习性。冬季应该采取加温措施，以保证在寒冷季节能给蝎子提供足够的食物来源。饲料虫饲养室的大小可根据养殖场的规模而定，规模大的养殖场，饲料虫饲养室可以建大一些。为了饲喂方便，应将饲料虫饲养室建在养蝎场附近。

3. 管理人员工作室、休息室

对于具有一定规模的较大型养蝎场，饲养管理人员较多，应该建造办公室、工作准备室、休息室和食堂等。这要根据养蝎场的饲养规模而具体规划。

4. 蝎子加工室

蝎子养成后，除了种蝎和一部分鲜活蝎子及时出售以外，其他蝎子还要进行初步加工，一般将其制成干品或深加工品后再出售。所以，大规模养蝎场都应该设置加工室，以便对大量成年蝎进行加工、取毒。加工室一般应配有水池、煮锅、灶台及各种必备的加工容器、机械设备、工具等，还应有干燥室及包装、运输准备室等。

第三章
科学选种引种,向良种要效益

第一节 引种与留种的误区

一、对品种的概念不清楚

许多人由于对蝎子品种不了解、对品种的概念不清楚,认为蝎子都是野生的,无论什么品种,只要为其提供良好的环境条件和优质的饵料,便能饲养成功,从而获得较好的养殖效益。其实这种看法是不完全正确的。

所谓品种,通常是指经过人工选择,在生态和形态上具有共同遗传特征的生物体。蝎子是在自然环境中驯化而成的,是已知最古老的陆生节肢动物之一,也是一种重要的野生动物药材。全世界范围内共有600余种蝎子。目前我国有15种蝎子,在全国各地都有分布。由于蝎子所处的地域环境不同,品种之间存在着很大的差异,其生理特性、生活习性和药用价值、食用价值也不完全一样。

二、为了省钱而购买不符合种用的种蝎

人工养蝎要提高养殖效益,不断扩大规模,其基础就是种蝎(种公蝎和种母蝎)的质量好。种蝎的质量也就是种蝎的生产性能。种蝎的质量不好,将直接影响母蝎的产仔率和仔蝎的成活率,影响蝎子后代的质量。种蝎质量好,其繁殖力强,产仔多、仔蝎壮、生长快,养殖效益和养殖规模也会随之提高。

如遇到有些蝎子养殖公司或养蝎场组织现场参观并要求购买种蝎或给予优惠价格的情况,一定要慎重行事,以免上当受骗。在引进种蝎时,一定要严格按照标准进行选择。由于蝎子的品种繁多,在引进种蝎

之前，要先了解优质种蝎的特征，绝对不要盲目引进，更不能图省钱而购买不符合种用的蝎子。

三、留种误区

一般规模化蝎子养殖场都是实行自繁自养的。有些人认为，从自己养殖的种蝎中选择个大、身体强壮的就可以留作种用，用来继续进行繁殖，以扩大规模。其实这种做法也是不完全正确的。因为受生物变异、退化等因素的影响，种蝎的优良性状也会随着子代的繁衍而具有不稳定性，故需要开展蝎子的杂交育种工作，蝎子繁殖两代后应开展提纯复壮工作。

第二节 提高良种效益的主要途径

一、正确了解种蝎的分类和特点

蝎子在全世界分布的范围较广，除寒带以外的大部分温暖地区均有分布，其中，热带分布得最多，亚热带次之，温带较少，在北纬42°以北基本没有蝎子。有关考察研究表明，我国现有的蝎子（如东亚钳蝎、东全蝎、会全蝎、沁全蝎、黄尾蝎、十条腿蝎、辽开尔蝎、藏蝎等）主要分布在处于北纬32°~42°的东北三省以及河南、山东、河北、山西、陕西、安徽、江苏、浙江、四川、湖北、福建、西藏、台湾等省（自治区）的部分地区。长江以南的广大地区，即雨水相对较多、气候相对暖湿的地区分布较多，而在水分较少的西北内陆则分布较少。国内将商品蝎分为东、西、南、北四大系。东是指山东，以潍坊为主要产区，这里的商品蝎称为东全蝎；西是指山西，以忻县为主要产区，这里的商品蝎称为晋全蝎；南是指河南，以伏牛山区的淅川县为主要产区；北是指湖北，以老河口为主要产区。南、北两系的商品蝎通称为全蝎，是全蝎中的上等品，驰名中外。

1. 东亚钳蝎

东亚钳蝎又名远东蝎，因其后腹部尾节上的纵沟形状与问荆蝎相似，故有问荆蝎之称，属世界著名的蝎子种类。东亚钳蝎是我国目前分布最广、家庭养殖最普遍、产量最高的良种蝎，主要分布在我国的河北、河南、山东、山西、陕西、安徽、江苏、福建及台湾等地。

2. 东全蝎

东全蝎体呈深褐色，略呈黑色，体形较大，喜微酸性土壤，喜食昆虫类等小型体软动物，繁殖能力较强，产仔多，但母性较差。东全蝎主要分布在我国的山东与河北交界一带。

3. 会全蝎

会全蝎体形中等，身较短，呈深褐色，喜碱性土壤，除昆虫类等小型体软动物外，还能取食一些植物性食物。雌蝎产仔较早，母性好。会全蝎主要分布在我国的河南（南阳伏牛山区）、湖北（老河口）等地。

4. 沁全蝎

沁全蝎是我国近年来经过与青州蝎、会全蝎杂交优化的良种蝎之一，具有繁殖快、产仔多、成活率高、寿命长等优点。该种蝎寿命为8~10年，繁殖期为6年，能在-5~39℃条件下生存，最适宜生长温度为28~38℃。沁全蝎饲养简单，只要精心饲养和科学管理，可年产仔3次，每次产仔蝎30~60只，仔蝎当年即可出售。

5. 黄尾蝎

黄尾蝎体呈浅褐略带黄色，体形偏小，适应性较强。黄尾蝎主要分布在我国的山西省。

6. 十条腿蝎

十条腿蝎又称十足蝎，比一般的蝎子多两足，其特点是个大、体肥、毒盛。十条腿蝎主要分布在河南淅川县、陕西华阴市、山东沂蒙山区等地。

7. 辽开尔蝎

辽开尔蝎体形肥大，抗逆能力强，主要分布在我国的东北地区。

8. 藏蝎

藏蝎体形大，较凶悍，主要分布在我国的西藏、川西等地。

二、做好蝎子的选种和引种工作

1. 种雄蝎

选择种雄蝎要求个体大、健壮、活泼、敏捷，后腹卷曲，无病虫害，身上有光泽，抵抗力强，食欲好，性欲旺盛，无异常表现，体长在4.8厘米以上。若蝎子后腹部挺直，一般表明这个蝎子有可能发生过疾病

或者蝎龄比较老,就不能作为种蝎。引种时要挑选色正、光亮、活泼、个大、健壮有力的蝎子。

2. 种雌蝎

选择种雌蝎要求前腹宽厚肥大,个体大,肢体无残缺,行动敏捷,身上有光泽,产仔多,抵抗力强,性欲旺盛。最好挑选已经成年的雌蝎,肚子比较大,1~2个月就能产仔的留作种用。那些活动呆滞、捕食迟钝,而且皮肤粗糙、老化的雌蝎要及时淘汰,不可留作种用。

3. 种蝎的提纯复壮

杂交种蝎在繁殖两代后就需要进行提纯复壮,以保证其具有良好的繁殖性能。

一般在4~5龄蝎群中选择个体大、有光泽、健康活泼且适应性强的个体在专池中精心饲养,待这些蝎子交配产仔后,将体壮、产期早、产仔率高的雌蝎挑出来,放入专池。然后将适量优良的成年雄蝎放入池中进行交配繁殖。为了保留和发挥种蝎的优良性状,此项工作要经常进行。否则,将容易出现蝎群繁殖力下降,所产仔蝎体弱、抵抗力低、生长速度减缓,直接影响蝎子的养殖效益。

三、做好种蝎的调运工作

种蝎的调运也是蝎子管理工作的一个重要环节。所运种蝎都是活蝎,活蝎运输首先要保证蝎子的成活率,尤其是孕蝎的运输,不仅要保证运输途中的成活率,而且还要保证到达目的地后蝎子恢复体力之前的成活率和繁殖率。同时,还要注意,活蝎子有毒,如果包装不好,蝎子跑出来会蜇伤人畜,所以必须讲究运输方法。在种蝎的调运过程中要重点做好以下几方面的工作。

1. 调运前的准备

在进行种蝎调运前,要对所要调运的种蝎有详细的了解,如种蝎的品种、蝎龄,雌蝎是否有孕,孕蝎的状况。还要了解气候变化、运程距离等情况,以便采取相应的保护措施和恰当的调运方法。一般来说,对于临近产卵的种蝎不宜长途运输。

2. 种蝎的密度

运输时,要注意种蝎的密度不可过大,尤其是孕蝎的密度要适当减小,否则蝎子会因为互相挤压而受伤,造成流产或形成死胎。

3. 运输的方法

（1）塑料桶法运输　塑料桶法运输种蝎是指使用圆形塑料桶运输蝎子的一种方法。装桶时为了运输过程中蝎子能在桶内通风透气，可以先将胶桶盖用烧红的铁丝穿孔，也可以用电钻等器械在桶的上方桶壁上多穿几个小孔，孔的大小以蝎子钻不出来为宜。然后在胶桶内装入几块消毒好的鸡蛋托，一是为了不让种蝎互相挤压；二是能使胶桶内形成一个暗的环境，避免蝎子受到强光刺激后乱跑乱动，产生应激反应。鸡蛋托的高度离桶口 5 厘米左右，这样，种蝎就不能从桶里爬出来。然后把需要运输的种蝎根据桶的规格称取重量，一般一个规格为 22 升的胶桶内不能装超过 3 千克蝎子，可根据桶的大小适当增减。装好蝎子后，把桶盖盖上，两对角粘上透明胶或用包装带绑好，使盖不能打开。这样形成两个防止蝎子逃跑的保障，即在开盖时蝎子不能上到胶桶，方便装蝎；而盖上盖后，即使胶桶由于运输震倒或不小心碰倒，蝎子也不能从里面跑出来，这样也可以随身携带进行长途运输。同时，要注意在装蝎桶之间放置几个湿海绵块，以调节车厢内的湿度。

该方法适于运输少量的种蝎，即几千克或十几千克种蝎，长途或短途都适用。如果需要运输的种蝎只有 10 千克左右，可以用胶桶运输。

（2）塑料盆法运输　塑料盆法运输种蝎是指使用方形塑料盆运输蝎子的一种方法。

装盆时，先在离盆口 2 厘米处沿四周打 1 排或 2 排孔，打孔方法、孔的大小及数量同塑料桶法。把消毒好的几块鸡蛋托放到塑料盆中，然后把蝎子倒进去，一般规格为 60 厘米 ×40 厘米 ×30 厘米的盆子可装 5~6 千克蝎子，根据盆子的大小可适当增加数量。使用方形盆法运输蝎子，多采用叠装法，即一个方形盆叠一个方形盆，一般为 3~4 层，高者可达 7~8 层，但是必须保证稳固。为了加强盆子的稳固性，可用 5 厘米宽的透明胶带将每一叠的盆与盆之间、每一叠与每一叠之间粘连好，使其成为一体，这样就非常牢固。若运输量不是很大，不需要叠装时，可在盆口封上纱窗网，而盆口周围就不需要再打孔。同时，注意在盆之间放置几个湿海绵块，以调节车厢内的湿度。

该方法适于长途和大量运输种蝎，一般载重量 1 吨的货车一次能运 500 千克左右。若在盆中放置一些饲料虫，运输 3~4 天是没有什么问题的。

（3）编织袋法运输 编织袋法运输种蝎是指使用尼龙编织袋运输蝎子的一种方法。

运输时，先将种蝎装入洁净、无破损、无毒害的编织袋内，装运密度为每袋 500 只左右，在离袋口 5 厘米处用包装带扎好袋口，以防蝎子逃出。然后将编织袋平放于底部有海绵或纸板、纸团等的包装箱中，尽量将蝎子均匀放于平面上，减少互相挤压，以免造成损伤。在离下层编织袋 3~4 厘米处可用竹片或小木条搭一个平台，然后再放上一个编织袋，一般一个包装箱内放 3~4 层为宜，一个包装箱可以装 6~8 千克种蝎。种蝎放好后，在包装箱内再放入几个湿海绵块，以调节箱内的湿度，最后用宽 5 厘米的透明胶带将包装箱封好即可。

该方法适于大量运输，但运输时间不能太长，一般不宜超过 1 天。通常长途飞机运输或短途运输多采用此法。

4. 夏季运输要注意预防高温，春季和冬季要注意防寒

夏季气温较高，在运输孕蝎时，可在包装箱内放入用塑料袋包好的冰块，也可用冷冻的瓶装水降温，以预防孕蝎热死或早产行为的发生。冬春季节，蝎子处在休眠期，一般不进行调运。若遇到气温下降时，可使用厢式车调运，或在包装箱上面盖上棉被等物，用于保温防寒。

5. 防止颠簸

为防止颠簸对种蝎产生不利影响，可在装蝎箱的下面垫上软的纸板或海绵。一般宜用透气性良好的袋子包装蝎子。启运后要尽快到达目的地，以防种蝎遇到意想不到的有害因素。严禁使用装过化肥、农药或被污染的编织袋、塑料桶、盆等盛装种蝎。

6. 避光防雨

在运输过程中，为避免光照对种蝎的刺激，可在装运箱上盖一层黑布，同时也要注意防止雨淋。

四、做好种蝎的投放工作

刚调运来的种蝎或刚捕捉回来的野生种蝎不要立即放出，要让它们在安静的地方稳定 4 小时左右，一般在 19：00 左右放出。若是 15：00 后到达目的地，当天就不要放出种蝎，第 2 天 19：00 再放出。在投放种蝎之前，要反复检查饲养室（池、缸、箱、盆等）的安全性，确保无纰漏后再投放。种蝎的投放季节一般以 4 月上旬至 5 月下旬或 7 月初为宜。

投放种蝎时要注意雌雄比例的合理搭配。有的养殖户为了获得较多的仔蝎，在引种时只选雌蝎（孕蝎）而不要雄蝎，这种做法是错误的。雌蝎受精后，虽然精子在纳精囊内可长期储存，供终生繁殖用，但繁殖率会逐年降低，且仔蝎体质也较弱，成活率偏低。为了提高雌蝎的产仔数量和所产仔蝎的质量，种蝎需要年年交配，因而引进种蝎时必须引进适当数量的雄蝎。根据蝎子的交配规律，雌蝎、雄蝎比例以3∶1为宜。雌蝎虽然只要交配一次即可终生受孕，但如果第2年失配，产仔数量和质量就会下降。因此，应按蝎子生产的自然配比数即雌、雄比为3∶1的比例搭配饲养，同时注意密度不可过大，每平方米养蝎池放养种蝎以600~1000只为宜。同时，还应做好以下几项工作。

1）投种池要求环境安静，温度、湿度适宜。刚放养时，数量宜少不宜多。等种蝎经过7天左右的环境适应期后，再酌情增加饲养密度。

2）种蝎投放到新环境前，应对新的场地进行严格、彻底的清洁消毒，投放后及时供给清水。5~6天之后，待种蝎充分适应了新环境，再进行第1次投喂饲料。

3）饲喂新环境中的种蝎应做到定时、定量，投放饲料视种蝎数量而定，一般2~7天投喂1次。3~5天清换1次水盘。投喂的饲料种类应尽量做到多样化。除黄粉虫、地鳖虫和蝇蛆外，还可投喂米蛾、蟋蟀、蝗虫、蜘蛛等。

4）保持活动区的卫生，及时清除剩余的饲料残渣和剩余饮水。

5）要检查种蝎池的防逃措施是否完善，发现问题应及时补救。

第四章
科学使用饲料,向成本要效益

第一节 饲料加工与利用的误区

一、评价饲料的误区

由于动物种类不同,它们的食性和对食物的营养需求也不一样。有人认为,蝎子是肉食性动物,在野生状态下,主要以捕捉昆虫饵料为生。而人工养殖蝎子时,只要饲喂人工养殖的黄粉虫、地鳖虫、蚯蚓等昆虫饵料,其营养就可以满足蝎子生长繁殖的需要,也就没有必要另外添加其他饲料了。其实这种认识是一种误区。大家知道,人工养殖的黄粉虫、地鳖虫、蚯蚓等昆虫饵料虽然营养较为丰富,但对蝎子来说,未必每种昆虫饵料都能食用并能满足其生长繁殖的需要。

还有的人认为,用人工配合饲料养殖蝎子,因饲料的营养价值更全面,更有利于蝎子的生长繁殖,可以长期使用。这种认识也是一种误区。人工配合饲料虽然各种养分较为齐全,但由于受到配方标准、饲料原料来源、种类和加工工艺等因素的影响,所含的营养成分比例并不一定适合各种蝎子在不同年龄阶段的养分需求。如果长期单一饲喂人工配合饲料,也极易出现蝎子在蜕皮时大量死亡或孕蝎难产等现象。

二、加工配制饲料的误区

人工养殖蝎子使用加工配制饲料,只要选择的原料无毒无害、各种养分齐全、加工工艺好,就认为是好饲料。这种看法是不完全正确的。人工养殖的蝎子始终处于一种被动状态,蝎子之所以吃饲料,是因为没有更好的饵料可采食。如果在大自然中,它们的选择余地就更大。这就告诉我们,蝎子对饲料的选择性是很强的。处于不同生长时期的蝎子,由于消化能力和对各种养分的需求不同，对于饲料原料的搭配、配制工艺、饲料的软硬度及气味等要求也不完全一样。尤其是幼龄蝎、孕蝎和蜕皮时期的蝎子，对饲料的配制工艺和养分要求更高。

三、饲喂误区

在人工养殖蝎子的过程中，常常存在着一种误区：无论是使用昆虫饵料，还是使用人工配制的饲料，只要蝎子爱吃，就可以多投喂一些，以促进蝎子快速生长。如果给蝎子投喂新鲜适口的昆虫饵料过多，蝎子由于过度采食这些适口性好、富含蛋白质的昆虫饵料，很容易引起消化不良，从而导致腹泻。由于给蝎子投喂人工配制的饲料过多，剩余的饲料很容易变质，若不及时清理，蝎子再次食用后，就会容易出现肠胃炎进而导致死亡。因此，给蝎子投喂食物时，应遵守定时、定点、定质、定量的"四定"原则，既让蝎子吃好吃饱，还要减少浪费，降低饲养成本。尤其是适口性好的饵料要控制饲喂量，以免造成不必要的损失。

第二节　提高饲料利用率的主要途径

一、正确了解蝎子需要的营养要素

自然状态下，蝎子可根据自身的需要自由采食昆虫或其他食物，以满足其生长发育和繁殖等生命活动。而人工养蝎为了获得理想的生产效果，还必须结合蝎子不同生长阶段的营养需要，合理供给人工配制饲料。

营养要素是指食物中具有特定生理作用，能维持机体生长、发育、活动、生殖以及正常代谢所需的物质。蝎子需要进行生长、发育和繁殖等一系列生理活动，前提条件是必须有充足的优良营养物质供给。蝎子的营养物质主要包括蛋白质、脂肪、碳水化合物、矿物质、维生素和水，统称为六大营养要素。蝎子所需的这些营养物质必须不断地从饲料中摄取。

（1）**蛋白质**　蛋白质是一切生命活动的物质基础。蝎子体内的一切组织器官，如肌肉、内脏器官、神经、血液和毒液等，都是以蛋白质为主要原料构成的，蛋白质还是某些激素和全部酶的主要成分。蝎体组织中干物质一半以上是蛋白质。在蝎子的代谢过程中，蛋白质有着不可替代的重要作用。蝎子体内蛋白质的数量大、种类多，而且在旧细胞的死亡和新细胞的新生过程中会消耗大量蛋白质，因此蛋白质是蝎子营养供应的第一要素。若蛋白质供应不足，就会导致蝎体营养不良、体重下降、繁殖力低下、免疫力减弱等。若蛋白质过量，不仅浪费饲料，还会引起蝎子消化机能紊乱，甚至中毒。

构成蛋白质的基本单位为氨基酸，共有20多种，可分为必需氨基酸和非必需氨基酸两大类。非必需氨基酸在蝎体内可通过其他氨基酸的氨基转换而成或由无氮物质和氨化合而成。饲料中缺少非必需氨基酸，一般不会引起蝎子营养失调和生长停滞。而必需氨基酸不能在机体内合成，也不能由其他氨基酸代替，它们是蝎子生命活动所必不可少的，需要经常从饲料的蛋白质中获取。饲料中如果缺少必需氨基酸，即使蛋白质含量很高，也会造成蝎子营养失调、生长发育受阻、生产性能下降等不良后果。蝎体必需氨基酸主要有10种，包括赖氨酸、苏氨酸、缬氨酸、亮氨酸、异亮氨酸、色氨酸、精氨酸、蛋氨酸、组氨酸和苯丙氨酸。

蝎子对蛋白质的需求在一定程度上由蛋白质的品质来决定。蛋白质中氨基酸越完全、比例越恰当，蝎子对它的利用率就越高。由于各种饲料中蛋白质的必需氨基酸的含量是不相同的，所以，在生产实践中，为提高饲料中蛋白质的利用率，通常将多种饲料配合使用，使各种必需氨基酸互相补充。若给蝎子单独饲喂黄粉虫、地鳖虫或蚯蚓，蝎子获得的氨基酸数量可能不足，会导致氨基酸不平衡，因而蛋白质的利用率不高，时间长了，很容易引起蛋白质缺乏症，直接影响蝎子的正常生长发育和繁殖。

(2) **脂肪** 脂肪是蝎子不可缺少的营养物质，主要供给蝎子能量和必需脂肪酸，是蝎体细胞的一个重要组成部分，同时还与蝎子的冬眠有重要关系。脂肪作为蝎体内的主要储备能源，广泛分布于机体的组织中，在盲囊中的含量最高。脂肪所含的能量为同质量碳水化合物或蛋白质的2.25倍。

脂肪不仅是蝎体的重要组成成分，而且是体能的主要来源，又是脂溶性维生素A、维生素D、维生素E、维生素K的溶剂，并可促进脂溶性维生素的吸收和利用。蝎体的生长发育和组织修复也是需要脂肪的。

此外，脂肪还起着保护内脏，减少机械冲撞、挤压损伤，防止体内热量散发等作用。在自然界的野生状态下，蝎子可以在 100 天的冬眠状态中不吃不动，其能量是依靠体内积聚的脂肪供应的。但是饲料中脂肪的含量也不宜太多，否则会导致蝎子出现消化不良、食欲下降等症状。蝎子只要食入各种动物昆虫，就能满足其对脂肪的需要，所以不需要另外进行脂肪的补给。

(3) **碳水化合物** 碳水化合物的主要作用是为蝎体提供能量，同时参与细胞的各种代谢活动，如参与氨基酸、脂肪的合成。利用碳水化合物供给能量，可以节约蛋白质和脂肪在体内的消耗。碳水化合物包括两大类：一类为无氮浸出物，主要由淀粉和糖构成；另一类为粗纤维。

糖在机体中可转化成脂肪，储存于体内；也能以肝糖原等形式存在于肝脏、肌肉等组织中，在必要时又可分解转化为葡萄糖，供体内代谢需要。此外，糖还有辅助肝脏解毒的功能。肝脏对细菌毒素及代谢产物中的有毒物质的解毒作用尤为显著。若蝎子饲料中的糖供应不足，机体将会因能源缺乏而动用储备的糖原和脂肪，继之动用体内蛋白质，肝糖原的储存量也随之降低，肝脏的解毒作用明显降低，从而导致体况恶化、生长发育迟缓、体重减轻等。粗纤维在保持消化物的稠度、形成硬粪以及在消化运转过程中起着一种物理作用，同时粗纤维也是能量的部分来源。植物性饲料中含有大量的淀粉和纤维素，蝎子的体内因没有分解纤维素的酶，所以纤维素不能被分解利用。蝎子对纤维素无特别的需求，一般要求纤维素的量尽可能低些。淀粉的量也不宜过高，过高会影响蝎子的食欲，容易引起肠道不适，甚至发生腹泻等疾病。

(4) **矿物质** 矿物质又称无机盐，在蝎体的生理活动过程中起着重要的作用，是蝎体必需的元素。矿物质是无法自身产生、合成的，有机体每天矿物质的摄取量也是基本确定的。生物体内的矿物质有几十种，根据其在体内含量的多少分为常量元素和微量元素两大类，如钙、磷、钠、钾等在蝎体内的含量较多，称之为常量元素，而铁、铜、锌、锰、碘等在蝎体内的含量较少，称之为微量元素。

1) 钙与磷。钙与磷是组成蝎体外骨架的重要成分，外骨架中所含的钙占全身钙量的 90% 以上，所含的磷占全身总磷量的 75%。当饲料中的钙、磷不足时，蝎体的外骨架生长缓慢，蜕皮困难。野生蝎可以从土壤和多种动物组织中获取足够的钙、磷。在人工养蝎时，必须定期补充钙、磷。若使用黄粉虫、蚯蚓饲喂蝎子，因其体内所含的钙和磷不能满足蝎体的需求，必须在黄粉虫的饲料中适当添加骨粉，以增加钙、磷的含量，这样就可以间接地为蝎子补给钙、磷。

2）钠和氯。钠和氯主要分布于蝎子的体液和软组织中，能促进消化酶的活动，有利于蝎体对脂肪和蛋白质的消化吸收，同时还能促进新陈代谢，增进食欲，帮助消化。蝎体需要多少钠和氯还是个未知数，有待于进一步研究考证。但可以肯定的是，蝎体是需要食盐的，野生蝎子经常会寻找含盐物或从土壤中吸食。在人工养蝎时，如能在饮水中定期加入0.05%~0.09%的食盐，对蝎子的生长繁殖非常有利，表现为蜕皮加快、产仔加快。但是，饲喂的盐水的浓度不能过高，否则极易引起蝎子食盐中毒。

3）硫。硫主要存在于蛋白质中，它是构成某种氨基酸（胱氨酸、蛋氨酸）的重要组成成分。胱氨酸含硫量最多，机体内每个细胞都含有胱氨酸。高等动物调节代谢的物质（如胰岛素、硫胺素）都含有硫，对调节物质代谢有一定意义。蝎子蜕皮过程少不了含硫氨基酸，若含硫氨基酸缺乏，蝎子蜕皮困难。

其他元素主要起着调节渗透压、保持酸碱平衡和激活酶系统等作用，是蝎体生长繁殖不可缺少的物质。因而，在人工养蝎时要定期将复合微量元素加入供蝎子饮用的水中，或用复合微量元素饲喂黄粉虫、地鳖虫等。另外，池土中放置风化土或老墙泥，也可以补充一些微量元素，以满足蝎子生长发育对微量元素的需求。

（5）维生素 维生素是维持蝎体正常生命活动所需的一类有机物。维生素虽然不是构成蝎体的主要成分，也不是供给能量的食物，但它广泛存在于各种细胞组织中，除少数维生素可储存于某些器官中外，大部分维生素是构成体内酶的辅酶或辅基的重要成分。蝎体对维生素的需求量虽然极微小，但其在机体内所起的作用却很大，其主要营养功能是调节物质代谢和生理机能。蝎体缺乏维生素时，可引起代谢失调、生长发育停滞、生理机能减退、繁殖力下降、抵抗力减弱，并导致维生素缺乏症的发生。

维生素的种类很多，多数维生素在蝎子的体内不能合成或合成的量很少，必须从食物或饲料中摄取。目前发现的蝎子所需要的维生素有20多种，不同的维生素具有各自特殊的功能。维生素按溶解性质可分为两大类，一类是脂溶性维生素，另一类是水溶性维生素。

脂溶性维生素主要有维生素A、维生素D、维生素E、维生素K，它们均可以溶于脂肪或脂肪溶剂，蓄积于体内，供机体较长时间地利用。维生素A对蝎子的生长发育、繁殖及抗病力等有重要作用，也是维持机体一切上皮细胞正常健全的必需物质；维生素D在体内主要参与钙、磷的吸收和代谢过程；维生素E有抗氧化作用，能防止不饱和脂肪酸氧化。

水溶性维生素是指溶于水中才能被机体吸收的维生素，常用的有维生素B_1（硫胺素）、维生素B_2（核黄素）、维生素B_3（烟酸）、维生素B_4（腺嘌呤）、维生素B_5（泛酸）、维生素B_6（吡哆醇）、维生素B_{11}（叶酸）、维生素B_{12}（氰钴胺素）、维生素H（生物素）和维生素C（抗坏血酸），是蝎体生长发育过程中不可缺少的有机营养物质，需要量虽然很少，但它们在体内不能蓄积，多余时会被迅速排泄出去，因此必须在饲料中经常添加。

饲料中无论缺少哪一种维生素，都会造成机体新陈代谢紊乱、生长发育停滞、蝎子不蜕皮、抗病力下降。如缺少B族维生素，会引起消化不良；缺少叶酸，会出现生长迟缓、贫血、胃肠炎等。所以，经常适量地在饲料或饮用水中添加多种维生素，保证蝎体内各种维生素的正常，对维护蝎子的机体健康很有好处。

（6）水　水是构成蝎子有机体的重要组成部分，是蝎子机体内生理生化反应的良好媒介和溶剂，并参与蝎体内物质代谢的水解、氧化、还原等生化过程。水还参与体温调节，对维持体温恒定起着重要的作用。体内营养物质及代谢废物的输送或排出主要是通过溶于血液中的水分并借助血液循环来完成的。另外，蝎子一生中要经过6次蜕皮才能成为成年蝎，每次蜕皮都需要一定的水分和营养。蝎子每蜕一次皮就有一次生命危险，经过6次蜕皮才能脱离危险。蝎子身体的表层是以几丁质为主要原料的硬皮，到了蜕皮的时候，需要用85%~95%的水分来滋润这种硬皮，再加上营养条件好，蝎子的体质健壮，才能顺利蜕皮。所以，蜕皮与水分也有着密切的联系。因此，蝎子的生长发育离不开水分，水分缺乏将会影响其正常生理活动。

人工养蝎有三个方面需要水分：一是养蝎池内的土壤中需要水分，以保持土壤的湿度；二是养蝎室内的空气需要水分，以保持一定的空气湿度;三是蝎子处于气温高或空气湿度小的环境中时需要饮水。其中前两者是蝎子水分的主要来源,当环境湿度正常、食物供应充足时,蝎子一般不需要饮水。

二、熟悉蝎子的常用饲料

蝎子是一种肉食性动物,主要以节肢动物为食,尤其喜欢食取高蛋白质、低脂肪、体软多汁的昆虫幼虫。蝎子对食物的选择性很强,一般喜欢食取含水量适中的昆虫。人工养蝎的常用饲料有以下几种。

(1) 灯光诱捕的昆虫 灯光诱捕是指采用荧光灯或黑光灯,在灯下装一个集虫漏斗,漏斗的下口通入一个集虫箱或集虫袋来捕捉昆虫的一种方法。通常利用此方法在谷雨至霜降这段时间的20:00至次日凌晨2:00进行诱捕,将诱捕到的昆虫直接用来饲喂蝎子。

(2) 食饵诱捕的鼠妇 食饵诱捕是指在鼠妇(又名潮虫、西瓜虫)经常出没的地方,将搪瓷盆或光滑的陶盆、大口玻璃瓶埋在地下,盆(瓶)口与地面相平,盆(瓶)内放一些炒熟的黄豆粉、麦麸或面包屑、糠麸、菜叶等。到了晚上,鼠妇便会因食物的诱惑而跌入盆(瓶)内,这样每晚都会诱捕到很多鼠妇,供蝎子食用。值得注意的是,埋盆(瓶)的地方应选择较阴暗潮湿的地方,因为这样的环境栖息着大量的鼠妇(图4-1)。

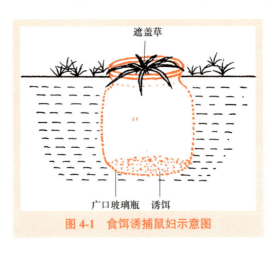

图4-1 食饵诱捕鼠妇示意图

(3) 人工养殖的饲料虫 有一些昆虫可以用作人工养蝎的天然食物(又称蝎子的饲料虫),如黄粉虫、黑粉虫、蚯蚓、幼地鳖虫、洋虫、鼠妇、家蝇等，已人工饲养成功，其养殖方法及使用详见附录。

(4) 肉类饲料　人工养殖蝎子时，通常可将青蛙肉、麻雀肉、鸡肉、猪肉等切碎后直接投喂，尤其适用于未产仔的孕蝎。但这类食物不能在池内放置太久，以免腐败变质，影响蝎子的身体健康。同时要注意及时取走剩余的食物（尤其是肉类饲料），经常保持蝎池（窝）清洁卫生。

(5) 矿物质饲料　人工养殖蝎子时，为防止蝎体矿物质缺乏，常常需要投喂一些矿物质饲料。一般初春时，常在蝎池表层放些山石下的风化土，或将骨粉拌入肉类饲料，投喂多龄的蝎子。

(6) 人工配合饲料　蝎子主要捕食比其身体更小的昆虫等，但在人工饲养条件下，有时饲料虫不能满足养蝎需要。因此，可以将植物性饲料、动物性饲料及维生素和矿物质等作为原料，配制成配合饲料，作为养蝎的辅助饲料。

【注意】

饲料使用要多样性。在人工养殖蝎子时，饲料应保证至少有3种。一是灯光诱捕的昆虫和食饵诱捕的潮虫；二是人工养殖的饲料虫，如黄粉虫、黑粉虫、幼地鳖虫、洋虫、潮虫、蚯蚓、家蝇等（图4-2）；三是人工配合饲料，可根据各地条件选择原料。此外，在蝎子蜕皮时，还可饲喂蜕皮激素（蝎用生长素），以提高蝎子蜕皮时的成活率。

图4-2　蝎子在吃黄粉虫

三、做好蝎子配合饲料的配制与加工

用人工养殖的黄粉虫、蚯蚓等饲料虫饲喂蝎子，虽然能起到增补养分的作用，但未必每种昆虫都适合蝎子食用。另外，养殖饲料虫的成本较高，有时饲料虫也供应不上。因此，就需要利用辅助饲料，即配合饲料。

蝎子人工饲料中的植物性饲料（如谷物类、糠麸类、油料类、饲草类等）及动物性饲料中的肉类、鱼粉、乳、蛋等，虽然含有较丰富的营养，但是这些饲料都不能直接饲喂给蝎子，必须经过加工后才能使用。所以，配合饲料就是根据各龄蝎子对营养物质的不同需求进行合理搭配，经过配合加工而制成的。这种饲料营养丰富，适口性好，蝎子爱吃。

人工养蝎的饲料可现用现配，一般可用动物碎骨肉或宰杀鸡、兔等的下脚料制碎，以及麦麸、面粉、青菜等按一定比例配合加工制成。也可以将其制成颗粒饲料后长期饲喂。配制要领：将用绞肉机绞碎的骨肉碎末、炒至微黄且有香味的麦麸或面粉、剁碎的青菜类，按3∶3∶1的比例调匀，制成小颗粒备用。在蝎子的配合饲料中还可加入适量的磷酸二氢钙、葡萄糖、山梨醇等物质，以利于蝎子的生长发育。也可以先将小麦粉蒸成馍，再捏成馍花，或将麦麸炒黄，加入鱼粉或肉粉。鲜肉应切成绿豆粒大的小块，或用绞肉机绞成肉泥；蝼蛄、蚱蜢等应去头切碎，蚯蚓、黄粉虫等应切成绿豆粒大的小段。这些动物性饲料的加入量一般占总重量的20%，然后再加入一部分添加剂，按比例加水，搅拌成粒状饲料。

添加剂用量，每千克配制的饲料中加入维生素B_1 1克、维生素B_2 2克、维生素D_3 3克，多维葡萄糖3克，硫酸锌0.5克，磷酸二氢钙1克，磷酸二氢钾0.5克，食盐0.5克。同时也可给蝎子投喂少量的青菜或苹果等，一定要先捣碎再投喂。

下面介绍几个2龄蝎子的饲料配方，供参考。

配方一：肉粉125克，饼干屑125克，牛奶300克，拌匀即可。

配方二：动物肉（肉泥状）200克，馍花100克，拌匀即可。

配方三：肉粉150克，蛋黄粉50克，馍花200克，牛奶450克，拌匀即可。

配方四：干昆虫粉100克，馍花100克，鲜蛋汁220克，拌匀即可。

第五章
搞好种蝎饲养，向繁殖要效益

第一节　种蝎管理与利用的误区

一、种蝎配对的误区

有人认为，蝎子属于野生动物，蝎子在自然界中的繁衍是雌雄蝎子自然交配的结果，在人工养蝎尤其是规模化养殖时，不需要刻意地去搭配雌性种蝎的比例，只需把到了繁殖年龄的雄性蝎子和具有繁殖能力的雌性蝎子混养在一起，让它们自由交配繁殖即可。殊不知，这种认识是一种误区。养殖少量蝎子时可以采取这种方法，但若是大规模养殖，必须注意雌雄种蝎的搭配比例，否则会出现雌雄比例失调。因为雄性种蝎数量太少，往往会造成许多雌性种蝎配不上种，雄性种蝎也常会因配种过多而衰竭。相反，若雄性种蝎数量过多，常会发生雄蝎为了争夺雌蝎而相互残杀的现象。所以，为了既能满足雌性种蝎配种繁殖的需要，又能适合雄性种蝎的配种能力，雌雄种蝎的数量应当有个适当的比例，绝对不能随便将雌性种蝎和雄性种蝎混合在一起饲养。

二、种蝎孕期的饲养管理误区

有人认为，蝎子长期在野外生存，适应性和抵抗力都较强，雌蝎受孕后，只要饲料和饮水充足，在没有较大的疫病和意外事故发生时，不需要将雌雄种蝎单独饲养，混在一起饲养一般不会发生什么问题，还能节省许多空间。其实这种想法是不全面的。雌蝎一旦受孕，为了保证胚胎的正常发育，便会选择一个更加适宜且安静的环境独立生活。雌蝎妊娠期间对食物、环境温度/湿度、光线和噪声等都有较高的要求，绝不是随便提供一个人为的饲养环境就可以的。若与雄蝎混养，雄蝎的活动、觅食和相互打斗等容易影响雌蝎的孕期生活，不利于胚胎生长发育；一旦饵料、饮水供应不及时，容易发生雄蝎与雌蝎争夺食物和饮水的现象，往往会造成孕蝎营养供应不足而发生胚胎发育受阻或死亡的现象。

三、孕蝎产后的饲养管理误区

有人认为，仔蝎出生后伏在雌蝎的背上，经过第一次蜕皮后，才能爬下母背开始活动和觅食。这期间为了防止雌蝎因饥饿而捕食仔蝎，应该给雌蝎投喂一些小型昆虫饵料。这种做法其实是不恰当的。一般来说，雌蝎产后背仔蝎期间是不吃食、不剧烈活动的，多数处于安静不动的状态。此时若给予雌蝎饵料，雌蝎便会爬行着去采食，很容易将仔蝎甩掉。仔蝎爬不上母背，将会失去雌蝎的保护，极易导致死亡。实践证明，确实有的雌蝎在背着仔蝎期间需要吃一些饵料，但这多是由于雌蝎产前未能摄取足够的营养、产后过度饥饿所致。为了不影响母蝎育仔，事先要搞好孕期雌蝎的饲养管理，这一阶段还是不投喂为好，否则会得不偿失。

第二节　提高种蝎繁殖效率的主要途径

一、坚持种蝎选配原则

雌雄种蝎的选配直接关系到种蝎的延续发展，也关系到人工养蝎的产量、质量和经济效益。所以，正确的选配和繁育，对于培育高产、优质、抗病性强的新品种，提高蝎子养殖效益，是十分重要的。

人工养蝎种蝎选配时，首先要注意减少和避免近亲繁殖，把血缘关系远的仔蝎合并饲养。要经常和其他养蝎户交换同龄蝎，尤其是雄蝎，以达到远亲繁殖的目的。选配种蝎时，要注意挑选符合种用标准的雌蝎作为母本，以外地引进的优良雄蝎作为父本，进行杂交繁殖，并保留产仔多的种源和后代，逐步繁育成比较好的高产种蝎。

二、正确选择优良种蝎

人工养蝎的选种、选配工作一般可以分为两个时期进行：第一次选种宜在4~5龄中型蝎中进行。通过日常观察，挑选体形大、健壮、活泼、适应性强、抗病能力强、感染后自愈能力强的个体留作种蝎，实行集中单室饲养。第二次选种宜在种蝎产第一胎后进行。重点是将产仔早、产仔率高、母性强、仔蝎质量好、后腹部大、身体强壮的雌蝎留作种用。要坚持逐年连续选种、选配，通过选优去劣，可保持和发挥蝎子的优良特性，有利于人工养蝎稳产、高产。

三、雌雄种蝎合理配对

在自然界里，雌蝎、雄蝎的数量之比大致为3∶1。蝎子虽属于一次交配终生受孕的特殊动物，但在人工养殖时一定要合理搭配雌蝎、雄蝎的数量比例。如果雄蝎过少，容易造成雌蝎产仔后失配或漏配，将直接影响以后的产仔数量和成活率；如果雄蝎过多，会因争夺雌蝎而相互残杀，造成严重的损失。一般1只雄蝎短时间内能和2只雌蝎进行交配，特别强壮的雄蝎最多只能连续和3只雌蝎进行交配。雄蝎交配后，要待3个月后才可能再次和雌蝎进行交配。雌蝎交配受精后，其精子能在受精囊内长期储存，因而雌蝎交配一次可终生繁殖，但繁殖率会逐年下降。所以，人工养蝎的雌、雄种蝎的比例应以3∶1为宜。

【注意】

在种蝎选配过程中，应注意将产仔率低、母性差、体形不符合要求的雌蝎及时淘汰。

四、合理运用种蝎的交配方法

人工自然条件下养殖的蝎子正常发育到8月龄左右就趋于成熟，在适宜情况下就可以进行交配。交配的方法有以下3种。

（1）单交　单交是指将一雌一雄种蝎放入一个场所（如烧杯、罐头瓶内等）进行交配。利用此种方法进行交配，雌蝎的受精率较高。但是该种交配方法费工费时，养蝎户应该根据实际情况合理选择。

（2）复交　复交是指将交配过一次的雄蝎从配种的蝎窝移走，再从另一个蝎窝取一只雄蝎，放入雌蝎的窝内进行交配（复配）。该种方法能确保雌蝎的受精率，但比较费时费工，有时会出现雌蝎拒绝雄蝎复配而互相残杀的现象。

（3）混交　混交是指在一个蝎池或蝎窝内按照一定的比例放入雌雄种蝎，让它们自由选择对象进行交配。该种方法比上述两种方法省时、省工,目前国内大部分养蝎场都采取此种方法。

五、提供适宜的配种环境

在恒温养殖条件下,蝎群随时可以进行交配。雄蝎交配前表现出烦躁不安的样子,到处寻找配偶——雌蝎,一旦找到便会进行交配。若找不到雌蝎,雄蝎便会将精荚排在瓦片或石块上。

在雌雄种蝎交配期间,要给雌雄种蝎创造适宜的外部环境条件,使雄蝎和雌蝎能在良好的环境中顺利完成交配。具体的条件是:

1)环境温度要控制在28~38℃。在这个温度范围内,温度越高,交配成功率就越高。

2)避免强光照射。在强光照射下,雌雄种蝎交配过程显著延长或中断。若光线微弱,能诱发它们交配。

3)在无风和微风的天气状况下,雌雄种蝎可进行正常交配。

4)蝎子交配时的地面应平坦坚实,且有一定的摩擦力。这样的地面有利于雄蝎固定精荚,使蝎子顺利完成交配(图5-1)。

5)在雌雄种蝎进行交配时,应为蝎子创造隐蔽安静的交配环境,防止蝎子受到惊扰。

图 5-1 雌雄种蝎交配图

六、创造良好的胚胎发育条件

雌蝎在妊娠期间,由于胚胎不断生长发育,需要的营养物质比一般蝎子要多、要好。所以,这个时期一定要供给孕蝎足够的、营养丰富的食物,如饲喂多种饲料虫或一些肉类,使孕蝎一直处于吃饱吃好的状态,从而保证"胎儿"的正常发育。平时可在雌蝎的饮水中适当添加一些维生素和微量元素,同时应确保环境安静,避免噪声干扰。妊娠期间的雌蝎最怕突如其来的响声,若受到惊吓,孕蝎往往会表现不安并到处乱窜,很容易发生流产、难产等现象。

雌蝎在妊娠期对温度的要求尤为敏感和严格。试验观察表明,温度低于5℃时,卵胎发育停滞;在5~15℃时,卵胎发育延缓;在25~30℃

时，卵胎发育加快，一般经过 35~45 天即可完成卵胎的整个发育过程。因此，人工养蝎时最好将妊娠期的雌蝎放在温暖的室内，室温保持在 32~38℃。环境湿度也不宜太大，以保持在 65%~70% 为宜。

孕蝎产仔时特别需要安静的环境，在安静的环境下产仔较快，若受到惊扰，雌蝎会立即停止产仔或到处爬动，刚产出的仔蝎就不能爬到母蝎的背上。另外，如果混养，刚产完仔的雌蝎会受到其他蝎子的干扰，表现为烦躁不安、来回爬动，很容易甩掉其背上的仔蝎（图 5-2）。被甩掉的仔蝎很难再爬到雌蝎的背上（一般爬不上母背的仔蝎不能成活），仔蝎的成活率便降低。存活下来的仔蝎也会有被其他蝎子咬伤、吃掉的危险。所以，应为孕蝎设置合理的产房。

图 5-2　从雌蝎背上掉落的仔蝎

随着胚胎的迅速增大，孕蝎腹部也日益膨大，因而行动不便，不愿外出活动和觅食。这时可将孕蝎放到产房内饲养。孕蝎的产房一般可分为单居产房和群居产房两种。

（1）**单居产房**　多用粗矮的广口玻璃罐头瓶或一次性塑料杯作为"产房"，也可以用玻璃或木板等制作的方格盆代替，规格为 10 厘米 ×10 厘米 ×15 厘米。每个瓶底铺一层 2~3 厘米厚的无污染的净土（其湿度以手捏成团、松手即软为宜），用圆木棍夯实泥土，在瓶中再放一小块湿海绵（湿度以不滴水为宜）。每个瓶内放 1 只临产的雌蝎，投放 1 只地鳖幼虫或 3 条小蚯蚓。应及时投放饵料，让孕蝎吃饱喝足。

（2）**群居产房**　指在一个蝎池（窝）或盆中放一些用泥土或混凝土制成的槽穴泥板、坑板和巢格板。然后把临产的孕蝎放入群居产房中，让蝎子在窝（坑）或穴中产仔。一般投放孕蝎的数量为产房内蝎窝数量的 80%~90%。若孕蝎放得过多，一些孕蝎占不到产房，会影响产仔；若孕蝎放得过少，则浪费场地，增加养殖成本。

一般情况下，多采用单居产房饲养临产雌蝎。单居产房不仅能杜绝群居产房的蝎子因"窜房"而互相干扰的现象，而且孕蝎在单居产房内能顺利产仔、背仔、护仔，并做到母蝎、仔蝎及时分离，仔蝎的成活率可达到95%以上。因此，饲养雌蝎在5000只以内的规模场（户）最好采用单居产房饲养。

孕蝎妊娠期间适当增加光照，能增加其身体对外界热量的吸收，有利于促进机体的新陈代谢，提高自身的消化吸收能力，从而促进胚胎正常生长发育，降低胚胎死亡率。同时，还能促使孕蝎顺利生产，有效地提高仔蝎的成活率。另外，增加光照还能促进孕蝎摄取更多的矿物质（如钙等），加快胚胎外骨板的生长速度，促使胚胎提前发育完成、提早产仔。

孕蝎临近生产时，常选择背光、安静的地方，用触肢和第4对步足撑高躯体，第1~3对步足交替挖土，直至挖成杏核大的小坑，然后用4对步足撑高躯体，产出仔蝎（图5-3）。

雌蝎产仔是一次性产出的。新生仔蝎形如卵状，被产入土坑中，堆集在雌蝎前腹部的下方，表面覆以白色透明的黏液且相互粘连。起初仔蝎不会动，经过20~50分钟后，身上的黏液略干，角须与步足渐渐开始蠕动，接着可以伸展活动。此后，仔蝎便沿着雌蝎的附肢和步足陆续爬到雌蝎的背上，一般按照头朝内、尾朝外的方向，相互靠拢，排列整齐（图5-4）。

图5-3　雌蝎挖坑产仔

图5-4　背上伏着仔蝎的雌蝎

七、做好临产雌蝎的防逃和隔离工作

到妊娠后期，如孕蝎的肚腹很大、行动迟缓，透过腹部可明显看到白色的发育成熟的卵胎，即为临产孕蝎。临产前，孕蝎由于生殖孔收缩而产生阵痛，常表现为坐卧不安、停止饮食，频频外出寻找产仔场所，特别是在晚上表现得更加明显。所以，在孕蝎临产前，要加强饲养管理，要经常检查蝎池、蝎窝，及时修补漏洞和孔，尤其要注意填堵一些用黏土堵住的孔、洞，防止孕蝎挖掉黏土而外逃。

为防止因其他蝎子干扰而造成孕蝎逃跑、流产，临产的孕蝎最好不要混养，一般宜采取"单居独孕法"，即把临产的孕蝎放入特制的蝎窝内进行特别护理。蝎窝一般可用罐头瓶（或一次性塑料杯）（图5-5），内置壤土或黄沙及一小块海绵，要保持海绵湿润，以满足孕蝎饮水需要。绝对不要惊吓孕蝎，以免造成流产。环境要阴暗、安静，温度和湿度要合适。温度一定要控制在30℃以上，以免影响仔蝎的成活率。

图5-5　一次性塑料杯养孕蝎

八、做好产后雌蝎的饲养管理

刚出生的仔蝎只有米粒大小，没有独立生活的能力，所以它必须伏在母蝎的背上，靠腹内残存的卵黄和雌蝎身上的分泌液维持生活。第4~6天，仔蝎开始在雌蝎背上第一次蜕皮。第7~10天，仔蝎逐渐离开雌蝎的背，可以独立生活。这期间，为了保护仔蝎，雌蝎一般不进食，也不到处活动（图5-6）。

为了防止雌蝎开食后蚕食仔蝎，也为了让雌蝎尽快恢复机体体能，继续进行繁殖，自仔蝎离开雌蝎背之日起，就应该将母蝎和仔蝎分开饲养。

图5-6　第一次蜕皮后的仔蝎

第六章 精心饲养仔蝎和幼龄蝎，向成活要效益

第一节 仔蝎和幼龄蝎的饲养管理误区

一、仔蝎的饲养管理误区

蝎子的生活习性比较特殊，不仅对生存环境、食物、饮水要求较高，而且还具有其他类似的陆生节肢动物所没有的一些特性。尤其是刚出生的仔蝎，具有伏在雌蝎背上生活的习性，即仔蝎出生后很快就会爬到雌蝎背上，一周以内基本上不下雌蝎背、不活动、不吃食物，仅靠消耗自身体内的卵黄营养来维持生命。一般到产后第5天左右，仔蝎经过第一次蜕皮后便成为2龄蝎。然后再经过5~7天才陆续离开雌蝎背，下地后开始独立觅食生活。因此有人认为，既然这期间雌蝎不进食、不到处活动，仔蝎全部伏在雌蝎背上，有雌蝎保护着很安全，那么就没有必要专心管理雌蝎和仔蝎，这样就可以减轻饲养管理的负担。这种想法是不正确的。

实践证明，虽然刚出生的仔蝎全部伏在雌蝎背上，不吃不喝，也不下来活动，有雌蝎保护着确实比较安全，也不用人为地去护理，相对来说管理是比较轻松的。然而，这期间更需要加强对雌蝎和仔蝎的饲养管理，尤其是要给雌蝎和仔蝎提供一个既安全、安静，又要温度、湿度适宜的良好环境，杜绝其他蝎子以及蝎子的天敌进入蝎窝进行干扰、抢夺食物或蚕食雌蝎和仔蝎。育仔期间，雌蝎相对比较安静，一旦受到天敌的惊扰，雌蝎便会到处乱窜躲避，常常将伏在背上的仔蝎甩到地上，有的仔蝎被天敌吃掉，有的因受到损伤而爬不到雌蝎背上，多数仔蝎会死掉，往往会造成重大损失。

二、幼龄蝎的饲养管理误区

有人认为，幼龄蝎从离开母背后开始自由活动和觅食，身体生长速度逐渐加快，其活动量和每天的采食量也随之增加。此阶段在饲养管理上，最重要的就是要给幼龄蝎供应充足的饵料和清洁的饮水，只要能充分保证幼龄蝎快速生长所需要的一切营养，让其吃好、喝足，幼龄蝎就能快速生长，其他的管理措施无关紧要。其实这种认识是不完全正确的。

事实上，幼龄蝎开始自由活动和觅食时，不仅需要较高的营养物质和充足的饮水，而且还需要一个比较安全、安静和较为适宜的环境，这也是养殖蝎子很重要的一个环节，但往往被忽略了。一般来说，蝎体在生长加快时期，其机体的抵抗力和耐受性是最薄弱的。这时一旦有不利因素的刺激，蝎体很难抵御，抵抗力就会下降，很容易发生疫病，受到其他蝎子或天敌的侵害。如果没有做好充分的预防和管理工作，就会造成巨大的经济损失。

【注意】

一定要注意不要在仔蝎刚完成第一次蜕皮后就将母仔分开，否则将影响仔蝎成活率。

第二节 提高仔蝎成活率的主要途径

一、创造适宜的生活环境

仔蝎出生后4~6天要进行第一次蜕皮，随后即进入幼龄蝎阶段。在初期，仔蝎经常从母背上爬到地上，在雌蝎的周围活动，遇到动静又继续爬回母背。经过5~7天（即从出生后起经过8~12天）才能真正从母背爬到地上，开始独立生活。仔蝎刚蜕完皮，身体软弱无力，还需要雌蝎保护一段时间。因此，这期间仔蝎的生长发育对温度和湿度的要求都比较严格，温度必须控制在30~35℃，空气相对湿度必须在65%~80%，蝎窝的土壤含水量在30%左右。同时，要保持环境安静和无天敌侵入，避免噪声、光、风等的突然刺激。在这样适宜的环境下，仔蝎的蜕皮及生长又快又顺利。

二、及时喂水

雌蝎产仔时机体会消耗大量的水分，产仔后非常需要饮水，这时一定要保证蝎池（窝）内的海绵潮湿，让雌蝎随时可以吸吮海绵中的水分（图6-1）。否则，因为蝎池（窝）土壤干燥，又没有及时给予饮水，很容易出现雌蝎因口渴而吃掉刚出生的仔蝎的现象。

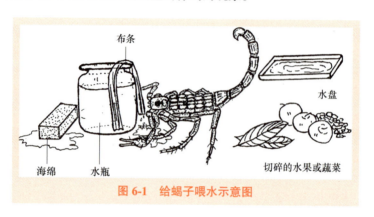

图6-1　给蝎子喂水示意图

三、合理投食

雌蝎在分娩和背仔蝎时期，为了保护仔蝎，一般不吃食、不活动。仔蝎第一次蜕皮后，虽然能从雌蝎背上爬下来活动，但也很少取食。雌蝎在育仔期间有时也会吃一些食物，但这多是由于雌蝎产前未能摄取足够的营养所致。因此，为了不影响雌蝎育仔，这个时期最好还是不给雌蝎投食为宜。但要及时将雌蝎、仔蝎分离，尽快给雌蝎投食。

仔蝎在蜕皮时不吃不动，身体也比较虚弱。蜕皮后的仔蝎一旦恢复活动能力，食欲便会变得旺盛，此时如果喂食不足，常会产生相互残杀的现象，已蜕皮的仔蝎将会吃掉尚未蜕皮的仔蝎，未蜕皮的仔蝎吃掉正在蜕皮的或尚未恢复活动能力的仔蝎。因此，要加强对仔蝎的饲养管理，防止相互残杀。

给予仔蝎的饲料要多样化，如黄粉虫、无菌蝇、小蟋蟀、地鳖虫幼虫、羊奶、牛奶以及玉米面、谷糠等粮食饲料所生的小白蛀虫等。仔蝎的投食量应保持有剩余，以满足仔蝎吃饱吃足和蜕皮、生长的需要。用羊奶和牛奶喂仔蝎时，可将用奶液浸湿的玉米芯放在蝎窝内，让仔蝎吸吮，干后即换。

仔蝎养殖密度的大小也直接关系到仔蝎的成活和生长。饲养密度过大会影响仔蝎的蜕皮和发育，饲养密度过小则造成空间的浪费。合理的饲养密度为每立方米投放2~3龄蝎3000只左右。

四、及时分离雌蝎和仔蝎

1. 分离时间

雌蝎经过妊娠、分娩及背仔蝎后，体力消耗很大。当仔蝎爬下雌蝎背，到地上开始觅食后，雌蝎也将进入体格恢复期，并需要大量的食物来补充营养。此时若让雌蝎和仔蝎待在一起，又不供应食物和饮水，有些雌蝎因饥饿而急于捕食，可能会出现蚕食仔蝎的现象。所以，这段时期除了多投一些鲜活的小型昆虫供雌蝎捕食外，还应及时将雌蝎和仔蝎分开饲养。

2. 分离方法

雌蝎和仔蝎分离的方法有多种，可根据养殖规模、设施和实际情况选用。常用的方法有如下几种。

（1）**挑拣分离法** 待仔蝎出生后8~12天，仔蝎可以离开雌蝎独立生活时，在晚上用筷子或夹子将外出活动的前腹干瘪的产后雌蝎拣出，然后用鸡毛或鹅毛将雌蝎背上的仔蝎刷下来（图6-2），将仔蝎仍留在原蝎池中饲养。此法适用于土坯产房、水泥板产房和木板巢格产房等小规模养蝎。

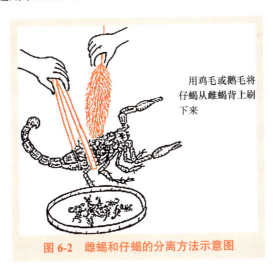

图 6-2　雌蝎和仔蝎的分离方法示意图

（2）**玻璃分离法** 首先，用筷子把产后雌蝎拣出，放到另一个地方饲养。然后，把仔蝎连同产房中的饲养土一起轻轻倒入另一个饲养盆中间的玻璃板上，在玻璃板下面垫一只广口玻璃瓶，仔蝎就慢慢地向玻璃板边缘爬去，并掉入饲养盆中。最后，把玻璃板上的饲养土倒掉。刚分离的仔蝎，一般将出生时间相差不超过 4 天的可以放在一个盆中，饲养 10~15 天，当仔蝎适应没有雌蝎的生活后再放在蝎池（窝）中集中饲养，饲养密度为每平方米 10000 只左右。绝不能将与雌蝎分离开的仔蝎同其他成年蝎或比仔蝎大的种蝎混养在一起，以免仔蝎被大蝎子吃掉。此法适用于较小规模养蝎场（户）。

（3）分离筛分离法 在养殖池之间建造一个长 15~20 厘米、高 10~20 厘米、孔径为 0.3 厘米的分离筛，分离筛只允许 2 龄蝎通过，而雌蝎过不去。此法适用于大规模养蝎。

（4）自动分离滑梯分离法 在蝎池内建一个小池，小池池底高出大池 10~20 厘米，四周边缘为与大池地面成 60 度角的斜坡，坡上铺玻璃板，蝎子只能向下滑而不能向上爬。小池四壁由 4 块玻璃板粘成，四壁与池底留一高 0.3 厘米、只能容仔蝎通过的细缝。分离时，将产房中的雌蝎、仔蝎一起倒入小池中，仔蝎通过细缝进入大池，而雌蝎则留在小池中。此法适用于较大规模养蝎场（户）。

（5）自动分离盒分离法 在养殖池之间高出地面 10~15 厘米处建一个长和宽均为 15~20 厘米、高 10~20 厘米的分离盒。在靠近仔蝎池的一侧，从分离盒底板向下做成 60 度角的斜坡，分离盒的玻璃挡板与底板之间留高 0.3 厘米的细缝。分离时，将雌蝎和仔蝎一起放入分离盒中，只有仔蝎可通过此细缝，掉入另一饲养池中，且不能再向上爬，从而达到自动分离的目的。此法适用于大规模养蝎。

第三节　提高幼龄蝎生长速度的主要途径

幼龄蝎是指仔蝎离开雌蝎背后独立生活至 4 龄的蝎子。幼龄蝎的饲养管理十分重要，因为该阶段蝎子的成活率和生长速度直接关系到养蝎的成功与失败。

一、加强营养

仔蝎离开雌蝎独立生活后，很快就进入盛食期，这也是蝎子一生中生长发育最快的阶段，所以蝎子的食欲较旺，能昼夜进食、觅食，争食能力非常强。但由于这个时期幼龄蝎的口器小，活动范围不大，所以就限制了其对饲料营养的摄取量，基本上不敢捕捉、食用体形较大的活动昆虫。因此，必须做好饲料的搭配，在保证幼龄蝎尤其是2龄蝎有足够数量和良好质量的食物的同时，应供给足够的小型昆虫饲料。在条件许可的情况下，应以小黄粉虫和小地鳖虫轮换投喂，切忌饲料单一。

幼龄蝎离开雌蝎1个月左右便进行第2次蜕皮，成为3龄蝎。幼龄蝎蜕皮时往往不活动、不采食，因而不需投料。蜕皮后恢复活动，食欲很旺盛，这时应特别注意供给充足的饲料，让幼龄蝎吃饱，以防相互蚕食。

3龄之后的蝎子相对具备良好的攻击和寻捕能力，食欲旺盛，代谢过程也较强，此时可以投喂一些稍大的昆虫。也可以给幼龄蝎投喂喜食的配合饲料，一般以动物性饲料为主，植物性饲料占饲料总量的15%，其中青菜约占5%。在动物性饲料中可加入1%的过磷合剂和少量的复合维生素。此外，在幼龄蝎喜欢吃的饲料中加入适量助消化的药物和抗生素性药物会更好。常用的药物有食母生（干酵母）、高锰酸钾、土霉素、四环素等，但药物不可过量（常规量），一定要与饲料混合均匀。此外，2龄蝎身体弱小，活动范围小，捕食能力差，投喂的饲料不宜离窝太远或太分散，要保证每只蝎子都能取食到饲料，不至于受饿即可（图6-3）。

图6-3 在捕食地鳖虫的蝎子

二、创造适宜的环境条件

幼龄蝎蜕皮时需要适宜的环境条件。幼龄蝎在蜕皮前,一般会迁移到蝎窝较温暖的中部,外界温度越低,迁移的位置越深。蝎子蜕皮最适宜的温度为25~38℃,蝎窝土壤含水量为15%~20%,室内空气湿度为75%左右。若窝内温度、湿度不适宜,会造成幼龄蝎蜕皮时间延长,甚至中途死亡。当温度低于25℃时,幼龄蝎就不能正常进行蜕皮。

三、精心管理

幼龄蝎每蜕皮一次就增长一龄,随着幼龄蝎的体形逐渐变大,蝎池(窝)内饲养密度增大,因此,要注意合理分群饲养,或单位面积内饲养幼龄蝎的数量减半,以降低饲养密度。实践证明,幼龄蝎在蜕皮期间,饲养密度越小,其成活率就越高。因为饲养密度过大,幼龄蝎容易扎堆而被压死,且捕食困难。有的幼龄蝎找不到食物,其生长速度缓慢。幼龄蝎在蜕皮前7天一般不愿吃食,这时应把饲料更换为蝇蛆、米蛾、小地鳖虫等。幼龄蝎蜕皮时,因为已经完全失去了自卫的能力,所以在幼龄蝎蜕皮前10天左右,应禁止投喂长度大于1.5厘米的黄粉虫,以防黄粉虫咬伤或吃掉正在蜕皮的幼龄蝎(图6-4)。

图6-4 刚蜕完皮的幼龄蝎

在保证给幼龄蝎投喂足够食物的同时,还要提供足量的清洁饮水。为防止蝎房(池、窝)内干燥,应及时在蝎房(池、窝)内洒水。如果供水不足,幼龄蝎容易发生胃肠疾病,且降低食欲。时间长了,蝎体会变得干燥、无光泽，生长缓慢，蜕皮时间延长。如果蝎房（池、窝）过于潮湿，蝎子易患斑霉病，要设法使蝎房（池、窝）干燥一些。杜绝给幼龄蝎饲喂腐败变质的饲料或不清洁的饮水，防止其患黑腹病。饲养人员每天应该认真做好检查工作，以便及时发现问题、及早解决问题。

四、防止逃逸

由于幼龄蝎身体小而轻，行动敏捷，攀缘能力极强，因而它的出逃能力明显比其他龄的蝎子强。但因幼龄蝎体小，一旦出逃不便于捕捉，即使捕获到也容易被击伤或捏死。所以，一定要注意加强防范，采取各种有效措施，如在蝎室（池）内安置玻璃或塑料防逃墙（图6-5），防止幼龄蝎逃逸。

图6-5 安置玻璃或塑料防逃墙

第七章
加强青年蝎和成年蝎饲养，向品质和数量要效益

第一节 青年蝎和成年蝎养殖中的误区

一、饲养观念的误区

有人认为，人工养殖的蝎子都是从野生蝎子驯化而来的，因此其生命力较强、好饲养，而且赚钱也容易。在自然条件下，蝎子的寿命一般为8~10年，繁殖期为6年左右，能在-5~39℃的条件下生活，在潮湿的泥土中缺食一年也不会饿死。蝎子的生命力看似很强，其实很脆弱，只要一点儿农药就会把蝎子毒死，甚至一些低毒的气雾杀虫剂、蚊香等也会要它们的命。虽然市场上成年蝎子的价格较贵，但是蝎子养殖绝对不像广告上宣传的那样属于暴利行业。实际上，养蝎子就像养猪、养鸡一样，也就是个挣钱的正当职业，要想养好蝎子，还得凭个人技术和能力去经营。如果没有技术、没有经验，再加上饲养管理不到位的话，往往连辛苦钱都赚不到。

二、青年蝎的饲养误区

有人认为，蝎子进入青年时期，体长和体重已基本接近成年蝎，身体的抵抗力也处于较强的状态，其生长速度开始放缓，这个时期的蝎子是饲养管理最简单的时期，不需要投入很大的精力，也不用给予营养过于丰富的食物，只要给予维持蝎子生长需要的营养，进行一般性的饲养管理即可。其实这种观念是不正确的。青年时期的蝎子虽然生长速度变缓，蝎子的体长和体重已接近成年蝎，但各内脏系统和器官还没有完全发育成熟，尤其是生殖系统各器官正处于发育完善阶段，这个时期如果

饲养管理不到位，缺乏必需的营养要素，势必会对其生殖系统发育产生不良的影响，将会影响种蝎未来的繁殖生育和饲养效益。

三、成年蝎的饲养误区

有人认为，蝎子进入成年阶段，身体各系统器官发育已经完善，此时的蝎子不仅具有繁殖生育能力，而且机体各方面的机能也达到最佳状态，这个阶段可降低营养标准，而且也不需要精心饲养，随时可以用于配种繁殖或收捕上市。这样的认识和做法是不科学的。进入成年阶段的蝎子，机体各系统器官发育成熟，各方面的机能均处于较好的状态，但对于留作种用的蝎子来说，还应该进行提纯复壮，要按照繁殖种蝎的饲养标准进行饲养管理。尤其是作为商品蝎出售的，考虑更多的因素是经济效益，而刚进入成年蝎阶段的蝎子，机体生长发育还不够完善，还具有肥育增重的潜力，若此时就上市出售，势必降低养殖的经济效益。因此，应该加强成年蝎的饲养管理，强化其营养供给，把蝎子养得更加肥壮，待其生长到完全符合制全蝎标准或有市场需求时再收捕上市，这样才能提高经济效益。

四、评价蝎子养殖经济指标的误区

有人认为，现在市场上蝎子的价格较高，蝎子养殖发展前景看好，规模化养殖蝎子一定能获得较大的经济效益，可以说养殖蝎子是一本万利的。其实评价蝎子养殖经济指标，不在于养殖规模和市场价格，很大程度上取决于蝎子的养殖成本、质量和市场营销技巧。不能单凭市场上的销售价格高，就判断发展前景好，盲目扩大养殖规模。要养好蝎子并且要进行规模化养殖，一定要经过充分的市场调研，根据蝎子产品发展趋势、市场需求和营销情况等多方面因素，并结合自己的养殖技术、经验、资金和生产条件来决定养殖规模。在注重蝎子品质的同时，应不断增加蝎子的数量，降低养殖成本，找准并扩大销路，这样才能提高蝎子养殖的经济效益。

第二节　提高青年蝎生长速度与健康水平的主要途径

一般将 5~6 龄的蝎子称为青年蝎。这个时期的蝎子生长速度略有下降，但还是处于生长发育较快的时期，体长和体重变化都很明显，并且已进入生殖器官发育时期。这个时期的蝎子性情活跃，极容易外逃。所以，这个时期的饲养管理重点是加强营养，确保成活率并进行第一次种蝎的选育，做好提纯复壮工作，为蝎子下一代繁殖打下良好的基础。

一、加强营养

青年时期的蝎子随着活动量增加，食量也大增。这个时期应给蝎子提供充足的、多样化的食物，可以适当投喂一些体形较大的饲料虫，如蚂蚱、蛐蛐、地鳖虫、蜈蚣等昆虫。饲料虫要新鲜、清洁、营养高，以让蝎子吃饱、吃好为宜。同时要经常检查蝎子的捕食情况，发现食物不够时，及时添加饲料。晚上适当增加空气湿度，以满足蝎子的水分需求。青年蝎在蜕皮之前一定要养得强壮、肥胖些，否则蝎子在蜕皮时可能发生猝死。

【注意】

> 对青年蝎饲养管理得好不好，直接影响将来蝎子的肥壮出售和种用蝎子的选留，因此不能掉以轻心，必须有针对性地进行饲养管理。

二、控制好生活环境

要切实控制好生态环境，给青年蝎提供适宜的温度、湿度，良好的通风和光线等，使青年蝎能够健康生长发育（图7-1）。

三、搞好环境卫生

青年蝎的抵抗力虽然比幼龄蝎大有提高，但因其生长快，摄食量大，因而要特别注意"病从口入"，要保证饲料和饮水是清洁的、没污染的，及时清理蝎池（窝）中死的饲料虫和变质的饲料，要定期更换饮水，对海绵也要定期消毒和更换。

图7-1 室内塔式蝎窝养殖

四、及时分群和选择种蝎

随着蝎子不断地生长发育，原来蝎池（窝）内的饲养密度会显得过大，应及时将蝎子捕移分群，进行第一次种蝎的选育。留种的种蝎要专池（窝）饲养，不留种的蝎子应调整至适宜密度（图7-2）。

图7-2　及时分群

青年期的蝎子对饲料虫的营养性和适口性要求都比较高。因此，应特别重视蝎子的投食管理，除供给新鲜、充足、洁净、高营养的饲料虫和食物外，还要及时观察蝎群的进食情况，及时处理发现的问题。

第三节　提高成年蝎饲养管理水平的主要途径

幼龄蝎经过6次蜕皮后长到7龄，便进入成年阶段，成为成年蝎。进入成年阶段的蝎子生长速度开始下降，体重不如幼龄蝎和青年蝎增长得快，但此时蝎子的生殖器官发育最快，已经达到性成熟，而且具有交配繁殖能力。这一阶段的饲养管理工作，除了继续创造良好的环境条件和加强营养，给蝎子提供充足的新鲜食物外，要不失时机地进行种蝎的选育和提纯复壮工作，为下一代繁殖打下良好的基础。

一、加强种蝎选育和提纯复壮

根据选留种蝎的条件，从第一次选留的种蝎中再选出更优良的种蝎，进行提纯复壮，按照培育计划进行配种繁殖。这个时期在饲养管理上应注意以下几点：一是要增加投喂饲料虫的次数，坚持"多投少喂"的原则。特别是在20：00~23：00（蝎子进食高峰期），每小时应投喂一次。二是要合理控制环境温度、湿度，创造良好的生态环境。三是要加强种蝎的饲养管理，优良的成年蝎即可作为种蝎。一般每年的4~9月是蝎子的繁殖交配时期，此阶段可将雌蝎和雄蝎按2∶1的比例混养在一起，任其自然交配繁殖。

二、提高商品蝎的品质

挑选后剩下的不能留作种用的成年蝎一律作为商品蝎，可作为药用全蝎，也可出售。此外，产仔3年以上的雌蝎、交配过2次以上的雄蝎，以及有残肢的、瘦弱的雌蝎和雄蝎，都应作为商品蝎进行饲养。

由于商品蝎已长大成熟，食量增加，活动范围扩大，投食量也要逐渐加大，每天投喂的次数要多一些，每次投喂的数量要少一些，而且可适当增加植物性饲料。一般在20∶00~23∶00，可每小时喂一次（图7-3）。但是要注意单位面积上蝎子的饲养密度，以每平方米不超过500只为宜。此外，要供给充足的饮水，尤其是当气温在30℃以上时，更要注意供应充足的饮水。

商品蝎生长到符合制全蝎标准时，就要及时收捕利用或出售。饲养时间不宜过长，一般在天气变冷前结束饲养，进行采收加工，以提高养殖的经济效益。

图7-3　给蝎子增加喂食次数

三、提高种蝎的交配和繁殖质量

雌雄种蝎能否成功交配并生产出优良的仔蝎，关键在于是否给其创造了一个适宜的外部条件。因此，在管理上要注意以下几个方面。

1. 温度和湿度

适宜的温度和湿度是蝎子顺利交配的首要条件，蝎子交配时的最适宜的环境温度是28~38℃，湿度是60%~80%。在适宜的温度范围内，温度越高，雌蝎交配成功率就越高。

2. 光照

蝎子交配时对光照不太敏感，但是微弱的光线能诱发其交配。强光照射，会使蝎子的交配过程显著延长或停止交配。

3. 噪声和风

由于蝎子胆小，怕惊吓，一般在有风的天气不外出活动，不进行交配。因此，在雌雄种蝎交配期间，应为其创造一个隐蔽、安静、无风或微风的环境条件，避免嘈杂的噪声和风的影响，以提高交配的成功率。

4. 雌蝎产后及时交配

虽然雌雄种蝎交配一次后储存在雌蝎受精囊内的精子可连续3~5年保持受精能力，但是如果隔年失配或连年失配，雌蝎产仔的质量与数量会明显下降，以后会出现产弱仔蝎和死精卵等现象。

> 雌雄种蝎的交配能否顺利完成，将直接影响蝎子的养殖效益。因此，一定要给雌雄种蝎创造一个最佳的交配环境，保证顺利完成交配。

5. 交配场地

蝎子交配时，雄蝎的精荚需要固定和附着在地面上，以便顺利交配。因此，要求交配场所（蝎窝）的地面要平坦、坚实，具有一定的摩擦力，并保持干燥、清洁，稍微粗糙的地面更有利于雄蝎精荚的附着和交配双方步足抓扒附着，以使交配顺利成功（图7-4）。

图7-4 雌雄种蝎交配图

第八章
搞好蝎病防治,向健康要效益

第一节 蝎病防治的误区

一、防治观念误区

随着养殖业的迅速发展,广大养殖者对疾病的危害有了充分的认识,因此对疫病的重视程度和防控措施也有了相当大的提高。但是,在具体落实疫病防治环节当中,还普遍存在一些问题。尤其是人工养殖蝎子这样一个新兴的、非传统的养殖行业,一般养殖者缺乏生产实践经验或者经验不成熟,在蝎子疫病防治方面仍然存在一些误区,表现比较突出的主要有以下两方面。

1. 重治轻防是普遍存在的问题

很多蝎子养殖者不是从杜绝蝎子疫病发生的角度出发,不去寻找发病原因,而是抱着出现疾病应该选购什么药物、如何去治疗的态度。蝎子是野生动物,身体小,抵抗力差,尤其是人工饲养环境改变了蝎子原有的自然习性,一旦发生疾病,就会产生很大的影响,损失严重。

2. 科学防治观念淡薄

很多养殖者的科学养殖观念仍然比较淡薄,主要表现为不注意平时饲养管理过程中的预防工作,总认为蝎子不会发生严重的疫病,不注重对蝎子养殖设备和环境的消毒,不注重保持良好的卫生。尤其是在消毒和抗菌药物的选择和使用方面,还存在许多误区,如为了降低成本,常常使用便宜的消毒液和其他药物,甚至使用违禁药物,滥用抗生素的现象比较普遍,直接影响了商品全蝎的品质。

二、药物使用误区

抗生素是一类由某些微生物产生的、具有特异性抑制或杀灭其他微生物作用的代谢产物。在养蝎过程中，许多养殖户发现蝎子发病就赶快用药，还没有诊断清楚是什么病、如何发生的，就滥用药物，尤其是滥用抗生素的现象普遍存在。许多养殖户把抗生素作为一种万能药物来应用，主要表现在以下三个方面。

一是使用淘汰、价格低或禁用的抗生素。

二是大剂量使用抗生素。在治疗蝎子疾病时，抗生素的使用量往往是常规用量的2倍以上，甚至更多。

三是盲目使用抗生素。在没有正确诊断的情况下，手头有什么药就用什么药，把抗生素作为治疗疾病的万能药物。这样不仅难以控制蝎子的疾病，有时还会耽误治疗的最佳时机，甚至继发其他疾病。

第二节 提高蝎病防治效益的主要途径

疾病对蝎子能造成很大的危害，严重的疾病会使经营者或饲养者在经济上蒙受重大损失。为了大力发展养蝎业、提高养殖效益，必须坚持预防为主、防重于治的原则，做到无病早防、有病早治、以防为主、防治结合。

一、做好蝎场的卫生防疫

蝎子不像一般畜禽动物那样容易发生传染病而造成大批死亡，但是，如果蝎房内卫生条件不好，温度和湿度不适宜，通风不良，饲料和饮水不卫生，也常常会导致蝎子生病，严重时甚至造成蝎子大量死亡。因此，养蝎场（户）必须建立一套以预防为主的卫生防疫制度，并严格执行，以保证蝎子健康生长、发育和繁殖。

蝎场的卫生防疫主要包括蝎场的环境卫生、蝎子的食物卫生、蝎室（房）或蝎垛（窝）的消毒等方面。

1. 环境卫生

蝎房内堆放的粪便、食物残屑以及死亡的蝎子，应及时清除，不留污物、残渣，保持清洁卫生，以免蝎室（窝）内滋生细菌，引发疾病（图8-1）。

图 8-1 蝎室（窝）经常清洗消毒

2. 食物卫生

食物卫生主要指蝎子的饲料和饮水卫生。蝎子的饲料主要有两个来源，一是人工配制的配合饲料，另一个是人工饲养的动物性饵料。对于人工饲养的动物性饵料，其卫生工作需要在培育动物性饵料时就抓好，绝对不能给蝎子投喂腐败、变质的食物饵料，以免引起传染病。

饮水要清洁、卫生，不能给蝎子提供放置多日的水和被污染的水。

3. 养蝎室（房）或蝎垛（窝）的消毒

对于新建的或者老的养蝎室（房）或蝎垛（窝），在蝎子成批转出后，都必须进行彻底打扫，然后进行消毒。一般可用 5% 的来苏儿溶液喷洒消毒，也可用高锰酸钾、福尔马林溶液进行封闭性熏蒸消毒。消毒后，待气味散尽方可再投放新的蝎群。一般情况下，谢绝参观和禁止外来人员进入蝎场内（图 8-2）。

二、做好主要蝎病的诊治工作

蝎子的生命力较强，一般情况下很少生病。到目前为止，在蝎子饲养过程中尚未发现流行性传染病。蝎子常见的病害主要是由于饲养管理不当和环境卫生条件太差而引起的。常见的病害主要有以下几种。

图 8-2 禁止外来人员进入蝎场

1. 水肿病

【病因】 当蝎室（窝）内的沙土湿度大于 20%、空气相对湿度长期在 85% 以上时，蝎子长期处于这种潮湿的环境中，往往通过体表吸收过多的水分，导致水肿病。

【症状】 病蝎各组织严重积水，前腹部膨大、鼓胀，伏地不动，食欲减退甚至完全废绝，生长发育停止，并多发生死亡。

【防治措施】 此病不需要药物治疗，只要降低空气及土壤（尤其是蝎窝内饲养土）的湿度，病蝎可在 1 周之内自愈。一般情况下，最有效的防治方法是将蝎子迁移到干燥的蝎室（窝）中，并对原蝎房进行通风干燥；也可向蝎室（窝）内的沙土上均匀地撒一层晒干的干燥风化土，撤去饮水，通过开门、开窗进行通风排湿。若室内温度低于 25℃，可考虑采取升温措施。

2. 脱水病

由于气温高、自然气候干燥，空气湿度低，饮水不足，蝎体失水较多，容易发生脱水病。蝎子脱水病主要有两种：急性脱水病和慢性脱水病。

（1）急性脱水病

【病因】 蝎子急性脱水病又称麻痹症、体僵症，主要是由于高温、湿热突然来临，蝎子不适应这种热气蒸腾的环境而出现急性脱水现象。尤其是在加温养殖的条件下,温度和湿度控制不当,极易发生此病。

【症状】 初患此病的蝎群常突然表现出活动反常、慌乱不安,大多出穴慌乱走动,继而节肢软化,运动功能丧失,尾部拖地,背见抽沟,全身色素加深、麻痹、瘫痪。此病的病程极短,发病后1~2小时即会出现死亡。

【防治措施】 此病重在预防,在加温养殖时,必须注意控制养殖环境的温度和湿度,防止出现40℃以上烘干性的高温。如果养蝎房内已出现高温、高湿、热蒸的状况,蝎子出现爬动缓慢的症状时,应立即通风换气,并将所有蝎子移出,进行补水。补水方法为:在30~35℃的热水中加入少许食盐和白糖,然后将其喷洒在蝎体上,喷湿即可。待饲养室内的温度和湿度正常后,再将蝎子移入室内饲养。

(2) 慢性脱水病

【病因】 慢性脱水病又称枯尾病或青枯病,是由于养殖环境长期干燥、饲料含水量低和饮水供给不足等原因而引起的蝎子慢性脱水。

【症状】 初期在蝎子的后腹部末端(尾梢处)出现枯黄色萎缩现象,病变部位逐渐向前腹部延伸。当后腹部近端(尾根处)出现干枯萎缩时(图8-3),病蝎开始死亡。在患病初期,有时由于蝎子之间争夺水分而发生互相残杀的现象。

图8-3 蝎子慢性脱水病

【防治措施】 调节活动场地的沙土湿度,增加到20%左右。同时,投喂含水量高的鲜活饲料虫。饲养土及蝎窝要保持湿润，但不可出现明水。也可把病蝎移到塑料盆中，盆中放一块湿毛巾或蚊帐布（以不滴水为宜）。一般这样饲养半个月左右，病蝎体内水分就会得到补充，症状就会逐渐缓解，一般不需要药物治疗。待病蝎恢复正常后，再将其放回饲养池中饲养。

3. 消枯病

消枯病又称枯瘦病、干枯病。此病常年可见。

【病因】 主要是由于蝎窝长期不换土，窝土过于干燥或蝎子吃食不均导致的。

【症状】 病蝎表现为全身干燥而泛黄，体表无光泽，食欲减退。前腹部扁平，身体失去平衡，逐渐向后腹部延伸，身体极度瘦弱。病蝎对食物产生条件性恐惧反射，每当投喂时便惊恐后退，多日不进食而日渐枯瘦，最终衰竭死亡。

【防治措施】 加强饲养管理，经常调节窝土的湿度并经常更换窝土，如发现窝土过于干燥，应及时给蝎窝喷水，并定时定量投放饲料，防止蝎子因饥饿过度而暴食。

对于病蝎，可将 1 片土霉素、3 片酵母片混合研成细粉，加少许水，用竹夹夹着病蝎后腹部强制喂服，每天 2 次，连喂 3~4 天；或将 1 克乳酶生片、1 克大黄苏打片、3 克食盐加入 400 毫升水中，配成溶液供蝎子饮水。

发现较多蝎子出现消枯病时，可立即或于 20：00~21：00 将 1 片大黄苏打片、2 克食盐、400 毫升水，调成药液，装在小喷雾器内进行喷雾。若池土以沙土为主，可直接喷到池内的蝎子身上，喷到池土湿润为止，但不能积水；也可将病蝎放到塑料盆中进行喷雾。还可用 400 毫升葡萄糖生理盐水溶解乳酶生 1 片、大黄苏打片半片，放在海绵或盆碟中供蝎子饮用。

4. 黑腐病

【病因】 黑腐病又称体腐病，多是因为饮食了腐烂变质的饲料或饲料虫、不洁净的饮水，或病死蝎尸，而导致的一种身体腐烂病。

【症状】 发病初期病蝎前腹部呈黑色、腹胀，活动减少或不愿出穴活动，食欲不振甚至废绝，继而前腹部出现黑色腐烂型溃疡性病灶，用手轻轻挤压会有黑色污秽黏液流出。此病病程较短，死亡率高，死蝎身体松弛，组织液化（图 8-4）。病蝎的另一种症状为腹部黑色而瘦弱，腹节下垂，但亦吃亦饮，病程较长，陆续出现死亡。

图 8-4 蝎子黑腐病

【防治措施】 此病无特效药物，应以预防为主，加强饲养管理。平时要保证投放的饲料和饲料虫无病无害、新鲜可口，饮用水要清洁；经常洗涤盆具（食碟、水碟、海绵等），及时清除蝎池中饲料虫的残骸和死亡或变色的饲料虫。

发现病原，立即翻垛清池，清除死蝎和被污染的窝土、瓦片，死蝎要焚烧处理，并对死蝎池进行全面的喷雾消毒，可用 0.3% 的高锰酸钾、1%~2% 的福尔马林溶液或 1%~2% 的来苏儿溶液，对地板、墙壁、垛体砖坯、蝎池喷雾消毒。

对病蝎进行隔离治疗，主要方法有：①将 1 克食母生（干酵母）和 0.5 克红霉素［或 0.5 克大苏打（硫代硫酸钠）］，或 0.5 克长效磺胺和 0.5 克土霉素，加入 500 克混合饲料中喂至痊愈。②将 0.5 克大黄碳酸氢钠片、0.1 克土霉素和 100 克饲料拌食，也可以把药物和水混合后供全蝎饮用。③将半支 80 万单位青霉素加水 1 千克，放进水盘供病蝎饮用；或 80 万单位青霉素 1/4 支、拌食 250 克，喂至蝎子痊愈为止。

对尚未发现病状的蝎子群，要及时投药预防。主要方法有：①将 1 克酵母、0.5 克红霉素拌入 0.5 千克的配合饲料中，投喂蝎群 3~5 天；②将 2.5 克小苏打、0.5 克长效碘胺拌入 0.5 千克的配合饲料中，投喂蝎群 3~5 天；③将 5 克复合维生素、2.5 克红霉素拌入 0.5 千克的配合饲料中，投喂蝎群 3~5 天；④将 2.5 克大黄苏打、0.5 克土霉素，拌入 0.5 千克的配合饲料中，投喂蝎群 3~5 天。

5. 霉斑病

霉斑病又称真菌病，是由一种真菌感染而引起的，因为成熟的真菌呈黑色，故又称黑霉病。一般多集中发生在高温季节，且往往大面积感染。

【病因】 由于蝎子栖息环境长期潮湿（湿度大于20%），气温较高，真菌在蝎子躯体上寄生感染而引发此病。尤其在阴雨时节，动物性饲料过剩、死亡后发生霉变，使真菌大量繁殖，并趁高温高湿环境下蝎体抵抗力下降，经呼吸道和消化道侵入体内，感染蝎体的主要内脏器官，引起身体机能发生障碍，甚至发生内脏器官的病变，从而导致发病。一旦发病，极易普遍感染。

【症状】 由于受霉菌刺激，患病初期病蝎极度不安，往高处或干燥处爬，食欲大减，行动呆滞。后期因要负重霉菌，活动减少，接着后腹部不能蜷曲，肌肉松弛，全身柔软，体色光泽消退。严重时头胸部、背部、前腹部出现黄褐色或红褐色小点状霉斑，逐渐向四周蔓延扩大，并形成片块状突起，负趋光性不明显，停止捕食，几天后死亡。剖解发现体内充满绿色霉状体集结而成的菌块（菌丝消耗蝎体内的营养而长成菌丝体）（图8-5）。

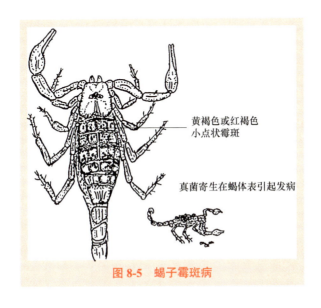

图8-5 蝎子霉斑病

【防治措施】 此病以预防为主,加强饲养管理。平时要定期消毒,同时调节好环境湿度,保证土壤湿度在10%~15%,湿度偏低时可用百毒杀(1∶600)喷洒消毒;及时清理死亡或变色的饲料虫,防止饲料发生霉变。

对病蝎,将1片土霉素(0.25毫克/片)、1.5片酵母片加入400毫升水中,溶解后,用镊子或筷子夹住蝎子的后腹部,强制其饮水,每天2次,2天可治愈;环境偏干时,可在每千克水中加入0.125克灰黄霉素,混合均匀后喷到蝎体上。

6. 半身不遂症

半身不遂症是成年蝎子易患的一种代谢性疾病。因病蝎后腹部(尾部)下垂、拖地,故又称之为拖尾病。

【病因】 由于长期投喂脂肪含量较高的饲料,蝎体内脂肪大量积累,加之蝎子的栖息场所高温、高湿,异常闷热,蝎子因过度湿热,身体循环受阻,导致本病。蝎子一般在2龄时易患此病。

【症状】 病蝎躯体光泽明亮,肢节膨大,肢体功能降低或丧失,后腹部(尾部)下垂、拖地,行动缓慢而艰难,行走时侧身横向、斜行或打圈行,有的用一边的附肢和第二对螯肢行走,行走时连滚带爬。有时伏卧不动,口器呈粉红色,似有脂溶性黏液溢出,用筷子或镊子轻轻接触病蝎,病蝎反应迟钝,甚至完全丧失知觉。病程5~10天,最后死亡(图8-6)。

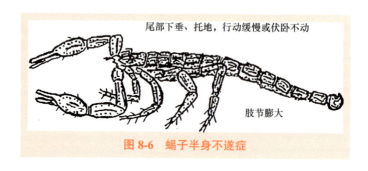

图8-6 蝎子半身不遂症

【防治措施】 不喂或少喂脂肪含量高的饲料,尤其是蚕蛹等肥腻的动物性饲料。发病早期,立即停止供给脂肪含量高的动物性饲料,改喂鲜槐叶或苹果、西红柿等果品,其症状可以慢慢自行缓解而痊愈。或对病蝎停止供食 3~5 天，然后再用大黄苏打片 3 克、炒香的麦麸 0.5 千克、水 60 毫升，拌匀饲喂，直到病愈为止。注意调节环境和垛体的湿度。在室内温度较高时，池土湿度不能过大，空气相对湿度不能长时间超过 85%，应保持蝎房通风透气。

7. 步足发黑病

步足发黑病是一种蝎子步足和螯肢发黑、行动障碍的慢性病。

【病因】 一般认为此病是由于蝎子被蚂蚁咬伤后所致，但实际上在没有蚂蚁等虫子时也时常发生，并且还具有一定的传染性。有时使用西药喷雾或消毒后容易发生此病，尤其是在室内加温饲养情况下多见。另外，繁殖 5 年以上的老年蝎也容易发生此病，有关病因有待于进一步探讨。

【症状】 蝎子患病后开始步足伸展不开，在受到惊吓或情况危急时，蝎子本应逃避，但因步足疼痛，只能乱跳乱翻。病蝎不食不饮，步足、螯肢等节间慢慢发黑，有些脚须发黑变干，或者断掉，以至于失去行走能力。有的病蝎腹部也会出现黑斑，最后死亡。

【防治措施】 为有效防治此病的发生，在建蝎室（窝）时要将墙壁下的蚁穴堵死，往蝎窝内填土时注意不要将蚂蚁随土带入，一旦发现窝内有蚂蚁，要及时杀灭。蝎子一旦患病很难治疗，繁殖 5 年以上的老年蝎应及时淘汰。

消除蚁害，可用 50 克樟脑丸或卫生球、50 克植物油、250 克锯末，拌匀后撒在蝎窝周围。

8. 便秘病

便秘病是因干燥的粪便堵塞肛门而引起的一种常见的蝎子代谢性疾病。

【病因】 蝎子便秘病多是由于饲喂的食物质量不好或是蝎房土壤干燥，湿度低于 5%，蝎子进食后因体内缺乏水分而导致粪便排不出去。

【症状】 病蝎肛门堵塞，粪便排泄受阻，有大便动作，但排不出粪便，食欲减退，活动和反应呆滞，机能失调。仔细观察其后腹部，会发现颜色逐渐由深变浅，至呈灰白色，且白色范围越来越向前腹部方向发展，当扩展到腹部第一节时，病蝎便会死亡。剖检发现肠道内粪便集聚，靠近肛门的粪便干燥，堵塞肛门，向后呈稀软状，充满整个肠管，粪便成白色，蝎体壁白中泛黄。

【防治措施】 加强饲养管理，改善蝎房环境，保持饲养土有适宜的湿度。同时应经常检查空气湿度，如过于干燥，应及时喷洒清洁的水，以维持湿度。另外，在夏季应供应充足的清洁卫生的饮水。

对于便秘的蝎子，应及时供给充足的饮水，强迫其饮用，以便通便排泄，缓解其症状。也可将2片大黄苏打片研磨后溶于少量酒中，然后加水1000毫升，向蝎池和蝎体喷雾，每日喷1~2次即可。

9. 胃肠炎

胃肠炎是由大肠杆菌感染引起的一种以腹泻为主的细菌性传染病。

【病因】 蝎子摄取了被大肠杆菌污染的食物或饮水而发生感染。大肠杆菌是一种条件菌，如果蝎子抗病力强，就可以抑制或杀灭大肠杆菌而不发病。但是，当蝎子抗病力差时，很容易发生此病而导致死亡。幼蝎发病率较高。在夏季高温、高湿环境下，大肠杆菌容易生长繁殖，污染食物和饮水，所以蝎子发生胃肠炎病的情况较多。

【症状】 初期病蝎食欲下降，精神不振，活动减少，由于肠道受到毒害而出现机能失常，发生腹泻，排出水样发臭的粪便，并常滞留肛门；因缺乏营养物质及脱水而显得消瘦。同时，由于胃中、盲囊中的食物未消化而发酵，产生大量气体，致使腹部膨胀，粪便中有大量气泡。病蝎经3~5天的腹泻，因身体极度虚脱而死亡。孕蝎患了胃肠炎，往往会导致流产和死胎，影响繁殖。剖检死蝎可见其腹部干枯，胃肠中空，并充满黏液、气泡。胃肠道充血，黏膜脱落，盲囊中空，肝脏充血、肿大。

【防治措施】 保持食物和饮水的清洁卫生是预防此病发生的重要措施。要注意平时投喂的食物的质量，保持蝎子的良好食欲和消化吸收力，提高抗病力，对防止胃肠炎的发生有重要作用。对于病蝎，可按每千克体重0.2克土霉素，放入饮水中投喂蝎子，每天1次，连喂3~5天。或按每千克体重黄粉虫饲料中加入0.15克磺胺脒，饲喂黄粉虫，经过30~60分钟，取黄粉虫投喂蝎子，每天1次，连喂3天。

10. 胀肚病

胀肚病又称大肚子病、腹胀病、消化不良病，是一种常见的蝎子代谢性疾病。

【病因】 由于饲养管理不良，蝎子栖息的环境湿度偏低，蝎子受凉或进食过量，导致消化生理机能障碍，停滞在消化道中的食物发酵，产生大量气体,导致腹部膨胀。此病多发生在早春气温偏低及晚秋低温时节。

【症状】 病蝎食欲下降,捕食不主动、不积极,排粪异常,粪便时硬结、时稀烂,时多时少。若不及时采取措施,一般10~15天便开始死亡。孕蝎一旦患病,可造成体内幼蝎孵化终止或不孕(图8-7)。

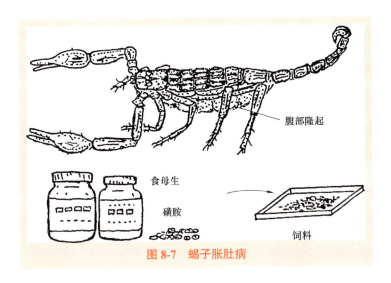

图8-7 蝎子胀肚病

【防治措施】 对于人工加温养殖的蝎子,在春季和晚秋低温时节,注意保暖,并尽量少投饲料,保证蝎子消化能力正常,可有效防止此病的发生。

发现病蝎腹胀,应立即停止供食几天,并用多酶片或食母生(干酵母)1克、长效磺胺0.1克,与100克饲料拌匀,喂至痊愈。也可用酵母片、大黄苏打片研磨后溶于水,配成35%左右的药液,最好加少许碘盐,向蝎身喷雾。同时注意把养殖室(房)内温度缓慢调节到20℃以上,促使蝎子活动,以便增强消化、吸收能力,加快对体内过量营养物质的消化吸收。

11. 蝎螨病

蝎螨病是蝎螨寄生在蝎体而引起的一种严重危害蝎子生长发育和繁殖的病害之一。此病感染性强,全群发病,可导致人工养蝎失败。

【病因】 由于长期潮湿,特别是蝎室(窝)潮湿,螨虫大量产卵繁

殖，或由带螨的蝎子、沙土、器具、黄粉虫等介质传播而致。

【症状】 蝎体逐渐消瘦，饮食减退且活动减少，极度不安，浑身瘙痒，有时会乱爬乱撞，极少会造成死亡，但较严重者会衰竭致死，部分死蝎腹部生殖厣、栉状器有黏液。仔细观察，会发现蝎子步足、头胸、口器附近、腹部等处有黄粉末状的螨菌，白色的螨虫随处可见。

【防治措施】 定期做好消毒工作，用2%~3%的福尔马林溶液或百毒杀（1∶600倍）溶液对蝎室、蝎池喷洒消毒。注意蝎室（池）不能长期处于潮湿状态，若潮湿，可更换沙土或将暴晒消毒过的干燥老土撒在潮湿处。

对病蝎，可将20%的三氯哒乳油稀释1500倍（幼蝎稀释2000倍）进行喷雾，杀螨效果可达93%~95%。最好在20∶00~21∶00蝎子出窝活动时进行喷雾，可直接喷到蝎体上，同时要注意喷瓦片、砖坯垛体的空隙，一直喷到养蝎池潮湿为止，喷后最好开门1~2小时。中药杀螨剂不易产生耐药性且对蝎子的生长发育影响小，因而值得推广。该种喷雾法适合池土黏性不是很大的养蝎池。

12. 流产

流产是指还未到生产期而提早产出仔蝎，产出的仔蝎由于内部各种器官还未成熟，所以生命力很差，难于生存。

【病因】 孕蝎饲养密度过大，互相挤压，互相咬斗，受到惊吓或摔跌；运输孕蝎方法不当，中途震动，颠覆过大，互相堆压；人工捕捉孕蝎，夹取腹部时用力过大等，这些机械性损伤都会导致孕蝎流产。孕蝎突然受到噪声惊吓、特殊气味刺激、受凉都会导致流产。当孕蝎吃下发霉变质、被农药污染了的食物和饮水，或刺激性大的药物，也会发生流产。此外，在发生传染性疾病时，也容易造成流产。

【症状】 孕蝎流产前主要表现为急躁、慌乱不安，到处爬动，并提前产出发育未成熟而不能成活的仔蝎，往往产后很快死亡。

【防治措施】 此病目前无特效药物治疗，只要平时加强饲养管理，针对性地做好预防工作，就可以有效地防止流产的发生。平时要保持孕蝎良好的生态条件，提供适宜的温度、湿度，防止噪声、强光的干扰。提供营养全面、清洁卫生、无污染的食物和饮水。运输孕蝎时，运输量不宜太多，密度不宜过大，运输过程中尽量减少震动。对于流产的蝎子，应早发现、早处理，以减少损失。

13. 死胎

死胎是指孕蝎产下已经死亡的胚胎（仔蝎）。死胎的出现会极大地降低蝎子的繁殖率。

【病因】 由于孕蝎长期缺乏食物和饮水，胚胎得不到足够的营养物质而中断发育；或因孕蝎年老体弱，其组织器官功能退化，体液失调；以及雌蝎隔年失配或连年失配；孕蝎受到机械性损伤或其他物理性伤害、化学性刺激，这些都能引起精子死亡或胚胎芽死亡、仔蝎发育不全，从而产出死精卵、弱仔蝎和死胎。

【症状】 发生流产的雌蝎产下的全部为死蝎。产出的死精卵是因精子死亡或胚胎芽死亡而形成的，米黄色呈圆粒状，直径1毫米左右。弱精仔蝎，发育基本成形，但不完全成熟，娩出后未能爬上母背即死亡，通常和死精卵同时娩出。

【防治措施】 加强日常饲养管理，不用衰老的雌蝎做种蝎进行配种繁殖，选择青壮年蝎做种蝎；雌雄蝎比例要适宜，使产后的雌蝎能及时配种；为孕蝎创造适宜的生活环境，避免出现干燥、缺食现象，避免种蝎在妊娠后期受到意外的伤害和惊吓。

三、做好蝎子天敌的防范

蝎子个体小，防御能力弱，易受不怕蝎毒的小型动物的袭击。因此，在养蝎生产中，要加强对天敌的防御。蝎子的天敌很多，主要有老鼠、螳螂、鸡、鸭、鸟、蛇、壁虎、青蛙、蟾蜍、蚂蚁、黄鼠狼、蜥蜴等。但人工养殖时，最主要的防备对象是蚂蚁、老鼠、壁虎、鸡和鸟雀等动物。

1. 蚂蚁

蚂蚁虽小，但无孔不入，很容易侵入蝎场，然后集聚起来，向蝎子发起集体进攻，对蝎子威胁最大。它们不仅争夺蝎子的食物，同时还咬食蝎子，尤其是防卫能力相对较低的仔蝎和正在蜕皮的幼蝎，以及病残蝎和处于繁殖期的雌蝎。

蚂蚁侵入蝎群后，蝎子因受惊扰而四处奔逃，尽量躲避。如果蝎子未能及时避开蚂蚁，一般会发生冲突，互相争斗。当蚂蚁数量较大时，蝎子（即使是成年雄蝎）也难敌蚁群，最终会被咬死、吃掉。如果蚂蚁数量少，只是零星几只，蝎子能用强大的触肢将蚂蚁一只只钳住，送入口中吃掉，从而摆脱危机。

【防范方法】

1）建养蝎池以前，夯实地面土层，防止蚂蚁打穴进入。可在蝎室周围筑小水沟，或把西红柿秧蔓切碎，撒在饲养区隔墙外（图8-8）。

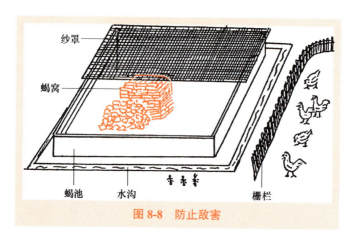

图8-8　防止敌害

2）检查蝎池培养土有无蚂蚁和蚁卵，一旦发现，立即清除。

3）对于没有放养种蝎的蝎房（新建蝎房或迁出后的空房），可用高锰酸钾和福尔马林溶液熏蒸，也可用磷化铝片封闭熏蒸，几个小时后，再开门通风、清除污气，即可达到灭蚁的目的。由于这种气体对人、蝎均有害，所以必须小心。这种方法可以达到根除蚂蚁的效果。

4）如在蝎窝内发现蚂蚁，可将煮熟的肉骨头放进蝎窝内诱杀。必要时还要进行翻窝换土，彻底清除。也可以用毒蚂蚁药杀死蚂蚁，并及时清除干净。

5）将灭蚁药粉撒在蝎池周围，可以较长时间防蚁，并可将蚂蚁毒死。

灭蚁药可以自制，配方如下：奈（卫生球）粉50克，植物油50克，锯末250克，混合拌匀即可。

2. 老鼠

老鼠善爬高，能打洞。它不仅危害蝎子和蝎子的饲料虫，而且破坏养蝎设施。在夏季前后，老鼠一般不敢轻易潜入蝎窝，以防蝎子蜇伤。而到了冬季，当蝎子团聚在一起不食不动，开始越冬时，老鼠便会潜入蝎窝，连吃带咬，危害严重。

【防范方法】

1）经常打扫垃圾等杂物，消除老鼠的藏身之地；饲养室（池）内铺水泥地板或铺砖，以防老鼠打洞。

2）蝎子进入冬季休眠后，应经常检查门窗是否严密，及时堵塞鼠洞，并安放鼠夹、捕鼠笼、电子捕鼠器等器械。为了蝎子的安全，在捕鼠过程中不要使用农药、气体药灭鼠，以免蝎子中毒死亡。

3. 壁虎

壁虎又名守宫，因其趾端有共同的盘状趾垫，所以能攀爬光滑的墙壁、玻璃等。由于壁虎的行动矫捷，擅长钻缝，具有昼伏夜出等习性，因此不易被人们发现。一旦壁虎进入蝎窝，往往与蝎子同归于尽，但有时也将蝎子置于死地，尤其是对幼小蝎子的威胁较严重，一次即可吞食十几只幼蝎，因此，应留意防范。

【防范方法】

1）封闭蝎房门窗，不留任何缝隙，可钉上纱窗，养蝎池或蝎窝上加盖塑料纱罩，防止壁虎出入。

2）清除蝎窝周围的堆积物，不让壁虎有藏身之处。

3）经常检查室内墙壁，发现孔洞及时堵塞，防止壁虎进入养蝎室。夜晚用手电筒进行检查，发现壁虎，及时捕杀。

4. 鸡和鸟雀

蝎子一般多夜间出来活动，但在人工养蝎室（池）饲养密度大的情况下，白天也有可能爬到墙上。农户养蝎如果房檐不密闭或进出不关门，鸡和鸟雀就可能蹿进蝎室饱餐一顿，尤其是麻雀对蝎子的危害最大，尤其是5龄以下的幼蝎。

【防范方法】

为了防止鸡和鸟雀的危害，要堵严房檐、墙壁、门缝及漏洞，出入关门。养蝎池上面必须加盖，养鸡必须圈养或采取相应措施阻挡鸡进入蝎房，切忌鸡、蝎混养在一个院内（图8-9）。

另外，蜘蛛虽然可作为蝎子的食物，但也是蝎子不可忽视的天敌。一只不大的蜘蛛可用蛛丝将比自己体重大几倍、几十倍的蝎子紧紧缠住，然后再慢慢吃掉。因此，也要注意防范蜘蛛对蝎子的侵害（图8-10）。

图 8-9　防御措施

图 8-10　蝎子与蜘蛛大战

四、合理使用消毒药物

1. 常用消毒药物

（1）来苏儿　来苏儿为含煤酚 50% 的溶液，有较强的杀菌作用，常用其 2% 的溶液进行创面、手指、器械的消毒；5%~10% 的溶液用于蝎舍、用具消毒。

（2）漂白粉　漂白粉为一种粉剂，遇水放出氯和新生氧而起到杀菌、除臭的作用，主要用于水的消毒、环境及排泄物的消毒。

(3) 生石灰　生石灰为碱性物质，将其干粉撒于潮湿的地面主要起到干燥的作用。将其配制成 10%~20% 的新鲜石灰乳，用于地面、墙壁、围栏、污水沟的消毒。

(4) 氢氧化钠　氢氧化钠又称苛性钠、烧碱，具有强大的杀菌作用，能杀死细菌、芽孢和病毒。2%~5% 的氢氧化钠溶液主要用于环境和一些用具的消毒。本品对金属制品有腐蚀性，对动物及人的皮肤和黏膜有损害，使用时要多加小心。

(5) 高锰酸钾　高锰酸钾属强氧化剂，在酸性条件下氧化性更强，常配成 0.1%~0.2% 的溶液，用于黏膜、创面或饮水消毒。用于蝎子饮水，可预防蝎子某些传染病。与福尔马林混合在一起，可做甲醛熏蒸消毒用。

(6) 酒精　酒精是乙醇的俗称，常将其配制成 75% 的溶液，用于皮肤、手术器械等消毒。因其具有刺激性，不宜用于黏膜消毒。

(7) 碘酊　碘酊有强大的杀菌作用，配成 2%~3% 的溶液，用于皮肤消毒。使用碘酊后，必须用 75% 的酒精进行脱碘。因其刺激性强，不能用于黏膜消毒。

(8) 新洁尔灭　新洁尔灭具有杀菌力强、作用快、毒性低、刺激性小等特点，0.1% 的新洁尔灭溶液用于手臂及皮肤消毒，0.01%~0.05% 的新洁尔灭溶液用于器械消毒。

(9) 洗必泰（氯己定）　洗必泰（氯己定）具有较强的广谱抑菌、杀菌作用，是一种较好的杀菌消毒药，对革兰氏阳性和阴性菌的抗菌作用比新洁尔灭等消毒药强。常配成 0.02% 的水溶液，用于手臂消毒，0.05% 的水溶液用于手术部位皮肤消毒，0.1% 的水溶液用于饲养用具及器械的消毒。

(10) 过氧乙酸　过氧乙酸为强氧化剂，有很强的氧化性，为高效、速效、低毒、广谱杀菌剂，对细菌繁殖体、芽孢、病毒、霉菌均有杀灭作用。此外，由于过氧乙酸在空气中具有较强的挥发性，对空气进行杀菌、消毒具有良好的效果。常用 0.2%~0.5% 的溶液喷洒或熏蒸蝎舍、墙壁、地面、用具、食槽等。

(11) 福尔马林　福尔马林通常是指 30% 的甲醛水溶液。其具有腐蚀性，可以使细菌的蛋白质变性。通常配成 1%~5% 的溶液，用于喷洒消毒，并可用于密闭房舍熏蒸消毒。一般熏蒸 10~24 小时，用量

为每米^3 20~80 毫升，并加 10~40 克高锰酸钾，对细菌芽孢、霉菌、病毒和一些寄生虫卵及幼虫均有杀灭作用。

【提示】

由于消毒药物的品种多，消毒性质不同，在使用过程中一定要有针对性地正确选择、科学应用，以达到最佳的消毒效果。

2. 消毒药物的应用

（1）环境消毒 养蝎场区要定时清除杂草、垃圾，环境打扫完毕后，用 0.02%~0.04% 的福尔马林溶液进行喷洒消毒，以减少环境中病原微生物的存在。

（2）室内消毒 新建设的养蝎室（窝）清扫以后必须进行消毒。旧的养蝎室（窝）在蝎子成批转室后要进行一次彻底清扫，清扫后的室内必须经过消毒。一般可用 5% 的来苏儿溶液喷洒消毒，或用高锰酸钾和福尔马林溶液熏蒸消毒。熏蒸消毒方法适于室内空间不大的情况，药物用量为 1 米^2 14 克高锰酸钾、28 毫升福尔马林溶液。在房子中间放一个陶瓷容器，将所需的高锰酸钾放在陶瓷容器内，然后将福尔马林溶液倒在高锰酸钾上，关闭好门窗。待熏蒸消毒后气味散尽，再投放新的蝎群。

（3）发现病蝎后的处理与消毒 如果在养蝎室（窝）内发现了病蝎，特别是发现了发生霉斑病的死蝎后，应立即转移室（窝）内的活蝎，将活的健康蝎子转移到其他清洁的养蝎室（窝）内饲养，然后立即清除污物和陈旧的饲养土，并对室内和垛体进行彻底消毒。室内消毒可以用 5% 的来苏儿溶液喷洒消毒，也可以用 0.02%~0.04% 的福尔马林溶液喷洒消毒。对垛体可以用柴草烧的方法达到彻底消毒的目的。

（4）设施及工具消毒 在养蝎过程中，由于室内温度和湿度适宜，可能会有病原微生物附着在室内的设备和工具上，因此，凡是可以搬动的设备和工具，都必须定期搬出养蝎室，进行消毒灭菌后再重新使用。一般较大型的工具或设施、用具可用 5% 的来苏儿溶液或 1% 的福尔马林溶液喷洒消毒，养蝎的器皿可用 0.1% 的高锰酸钾溶液浸泡消毒。对无法挪动的设施和工具，如蝎房地面、通道、墙壁、天棚、门窗、垛体、设备等，均可用 3% 的过氧乙酸溶液喷雾消毒。

（5）消毒池消毒 蝎场大门口应设置消毒池，池内可放入 2% 的氢氧化钠溶液或3%的来苏儿溶液。消毒池的大小可依据养蝎场的实际情况而定，药液一般要求每两天更换一次，主要是对进出车辆、人员进行消毒（图8-11）。

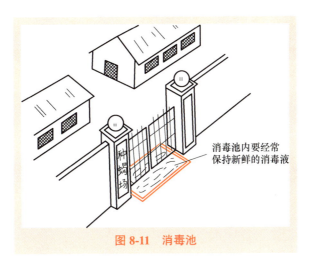

图 8-11　消毒池

（消毒池内要经常保持新鲜的消毒液）

3. 消毒注意事项

1）正确使用消毒药物，按消毒药物使用说明书的规定与要求配制消毒溶液，药量与水量的比例要准确，不可随意加大或减少药物浓度。配制消毒溶液的水，一定要清洁干净，不能用江水、河水和污水，最好是使用蒸馏水或清洁的自来水。

2）不要任意将两种不同的消毒药物混合使用或消毒同一种物品，因为两种消毒药物合用时常常因药物物理或化学性的配伍禁忌而使药物失效。确实需要混合时，要先取少量药物，混合后看其有无不良变化再决定是否使用。

3）消毒时要严格按照消毒操作规程进行，事后要认真检查，确保消毒效果。

【注意】

蝎子对气味比较敏感，在选择消毒药物时要尽量选择气味小、对蝎子无刺激性的药物。

第九章
搞好环境调控,向环境要效益

第一节 环境控制的误区

一、蝎子环境卫生控制的误区

有人认为,蝎子是野生动物,能在大自然中繁衍生存下来,其耐受性和抗病能力一定很强,所以人工养殖时只要给其提供一个近似野生的自然环境,同时又能保证充足的食物饵料和饮水,就能保证其正常的生长发育和繁殖。其实这种认识是不正确的。

蝎子属于野生动物,并不像经过人为驯养的家畜那样能较好地适应新的环境而正常生长繁殖下去。蝎子从出生到成年要经历许多生长环节,而且这个过程是通过蝎龄来划分的。由于蝎子的蝎龄和生长发育阶段不同,蝎体的生理变化、生长发育状态以及对外界环境因素影响的反应也不相同,那么蝎子对环境卫生条件、食物、饮水等的要求也就不一样。只有充分了解蝎子的生活习性、熟悉各种环境因素对不同生理阶段蝎子的影响,才能在饲养管理过程中协调和控制好这些因素,给蝎子创造一个更适合其生长发育和繁殖的生态环境,使蝎子能在人为的环境下自然地生长发育和繁殖,这样才能提高人工养殖蝎子的经济效益。

二、蝎子疫病预防的误区

有人认为,蝎子是五毒之首,其本身就是一个毒物。既然是毒物,一般情况下,蝎子是不容易受到外界各种致病因素的侵袭而生病的,所以,在人工养殖蝎子的过程中,只要给蝎子提供充足的食物饵料和饮水,并创造一个良好的生活环境,蝎子就会百病不侵,就能顺利地生长发育和繁殖，根本不用担心蝎群会发生传染病等病害。其实这种认识是错误的。

蝎子作为一种节肢动物能在自然界中生存下来，说明这种动物的生存能力强，但是这不能说明蝎体的抵抗力强、不会发生疾病。自然界中生命力强的野生蝎子会生存下来，继续繁衍后代，而弱者有可能被大自然淘汰。那么在人工饲养条件下，由于人为地改变了蝎子的生存环境，无论提供多好的条件，蝎子也难免不发生疾病。在人工饲养管理过程中，蝎子发病原因主要包括以下几方面：蝎子机体抵抗力的强弱，蝎窝（池）、饵料、饮水的卫生状况，饲养管理的到位程度，食物饵料的营养成分，环境温度、湿度的高低，气候的变化，光照的强弱以及天敌侵扰等。这些都会直接或间接地影响蝎子的健康安全、生长发育和繁殖。因此，只有加强饲养管理，有针对性地搞好预防工作，才能将损失降到最低。

【注意】

引起蝎子发生疾病的因素很多，既有外来因素，也有内在因素，一定要综合考虑，做到预防为主，防患于未然。

第二节　提高环境调控效益的主要途径

蝎子是野生动物，其生长发育和繁殖受到外界许多因素的影响，尤其是人工养殖蝎子改变了蝎子的生态环境及生活习性，不利于蝎子的生长发育和繁殖。因此，必须了解各种环境因素对蝎子的影响，搞好蝎子环境因素的协调和控制，创造一个更适合蝎子生长发育和繁殖的生态环境，从而提高人工养殖蝎子的经济效益。

一、做好外部环境的控制

新建养蝎场必须选择一个适宜的场址。在平原地区，应选择地势高燥、排水良好、地势稍向南的沙质地；山区丘陵地区应选择背风向阳，面积较为宽敞，地下水位低，地面稍有斜坡（但不宜过大）的地方。选用坐北向南、北高南低、通风、日照、排水都良好的地方，一是可以为蝎房（棚）的保温创造条件，二是下暴雨时不易被水淹。

场地要求未受过农药、化肥等有害物质的污染,附近最好没有养鸡场、养猪场、屠宰场、石灰厂等,水源要清洁,一般的自来水或深井水均可。

另外,为便于饲养管理,蝎场应有可靠的电源供应,周围无噪声干扰。由于养蝎事业具有长效性,因而选择的场地条件应具有稳定性。

二、做好内部环境的控制

养蝎室(房)内环境卫生条件的好坏直接影响蝎子的生长、发育和繁殖,因此,必须加强饲养管理,控制好内部环境。

1. 温度

当温度在-5~40℃时蝎子均能生存,低于-5℃时蝎子将会被冻僵、冻死,高于40℃蝎子会体懈死亡。温度在-5~10℃时,蝎子会失去活动能力,不食、不动,开始入蛰休眠。温度在10~12℃时,休眠的蝎子开始苏醒出蛰。温度在12~20℃时,蝎子的活动减少,同时生长发育受到抑制,往往因消化不良而产生腹胀,并且使母蝎体内卵化期延长和停止交配,孕蝎由于腹胀导致体内卵化失败,从而造成终身不孕或死亡。

20~39℃是蝎子的生长发育温度。温度在28~39℃时,蝎子的活动最剧烈,且充满活力,生长发育加快,产仔、交配大都在这个温度范围内进行。温度在32~38℃时,初生仔蝎的吸收蜕变期和母蝎的产后息养期最短;如果低于25℃,吸收蜕变期和产后息养期都会相应延长,有时还可能引起母仔死亡。温度在40~42℃时,蝎体内的水分蒸发量加大,在得不到及时补充时,极易引起脱水死亡。当温度超过43℃时,蝎体会很快产生烘干性失水,表现为肢体瘫痪,不久便死亡。

从刚出生的仔蝎到成年蝎、孕蝎的各个发育阶段,对温度的要求是不一样的。刚出生的仔蝎,若气温在30℃以上,10~30分钟便脱壳而出,爬到雌蝎的背上。经过5~7天,第一次蜕皮后便可离开母体去自由寻食。若气温低于25℃,仔蝎则难以脱壳而夭折,或者活力不够,爬不上雌蝎背上而死亡。当温度下降至15~20℃时,第一次蜕皮的仔蝎食欲及活动明显下降,第二次蜕皮就难以进行,生长会停滞。以后的几次蜕皮同样要求温度在30℃左右。

蝎子繁殖也要求一定的适温范围,但该范围较生长发育的适温范围窄,一般接近于蝎子生长发育的最适温度范围。在此范围内,蝎子的繁殖力随温度的升高而增强。30~41℃时雌蝎孕卵及胚胎发育最适合,27~38℃时产仔最适合,20~24℃不产仔,25~36℃时雄蝎发育最适合。成年蝎在较低的温度下虽能生存,寿命也较长,但其性腺不能发育成熟,不能交配产卵,或产卵极少且多为不孕卵。当气温低于25℃时,胚胎发育延缓,临产母蝎常常发生流产。若昼夜温差超过10℃,流产现象更严重。在过高温度下,成年蝎寿命短,特别是雄蝎精子不易发育形成,或失去活力,也影响交配行为。雌雄蝎交配的最适温度为30~35℃,太高或太低对蝎子交配都会有影响。

2. 湿度

影响蝎子生长发育和繁殖的湿度包括两个方面:一是空气中的相对湿度;二是蝎窝和蝎池沙土的湿度。

(1) 空气中的相对湿度 空气中的相对湿度是指空间环境中大气的水含量程度。空气中的相对湿度偏高或偏低对蝎子的生长发育和繁殖有着重要的影响。空气相对湿度偏低,蝎子龄期蜕皮困难,甚至蜕不下皮而死亡。空气相对湿度偏高,会滋生有害细菌和霉菌等病原微生物,诱发细菌性蝎病和真菌性蝎病,从而影响蝎子的正常生长发育。空气相对湿度以65%~75%为宜。

(2) 蝎窝和蝎池沙土的湿度 蝎窝和蝎池沙土的湿度是指蝎窝和蝎池中的瓦片、土壤、沙土等的含水率,可用以下方法测算:从蝎窝或蝎池中取样品若干称重(湿土重量),然后放入烘箱中烘干,再称重(干土重量),然后按照下面公式计算,即可算出蝎窝或蝎池的土壤湿度。

$$土壤湿度 = \frac{湿土重量 - 干土重量}{湿土重量} \times 100\%$$

蝎子在不同的生长发育阶段对蝎窝土质含水率的反应和蝎池内泥沙湿度对蝎子生长发育的影响存在很大的差异(表9-1、表9-2)。在人工养殖蝎子的过程中,对沙土湿度的要求原则是:窝内要干燥,活动场地要湿润。因为蝎子在潮湿的环境中会爬向干燥的地方,当蝎窝长期干燥时,蝎子会聚集到较湿的地方,蝎子能随着自身对水分的需求而选择生存环境。

表9-1 蝎子在不同发育阶段对蝎窝土质含水率的反应

发育阶段	最佳土壤含水率(%)	对过高含水率的反应	对过低含水率的反应
孕蝎	5~10	高于18%，卵停止发育，组织积水	低于3%，20天后卵或胚胎死亡
母蝎	6~12	高于20%，发生水肿病	低于4%，卵子发育缓慢
2~4龄	7~15	高于25%，水肿死亡率高	低于6%，生长发育缓慢
5~6龄	7~15	高于25%，死亡率高	低于5%，生长发育缓慢
母子蝎	10~17	高于25%，成活率高	低于5%，大吃小严重
蜕皮期或半蜕皮期小蝎	8~15	高于25%，死亡率高	低于6%，蜕皮时间延长
冬眠期	5~10	高于20%，死亡率高	

表9-2 蝎池泥沙湿度对蝎子生长发育的影响

泥沙湿度(%)	泥沙的形状	对蝎子生长发育的影响
1~3	较干燥	生长发育停止
4~9	较湿润	生长发育缓慢
10~20	湿润，手捏成团，松手即散	生长发育良好
21以上	搅拌成泥团或很稀	很快死亡

一般蝎子活动场地的相对湿度以70%左右为宜。如果活动场所和蝎窝湿度过大，容易招致病原微生物的侵害，引发疾病，同时还会造成蜕皮障碍；反之，如果活动场所和蝎窝过于干燥，饲料水分又不足时，蝎子的正常发育就会受到影响，还可能产生生理性病变，甚至诱发个体间的互相残杀。在休眠期内，蝎窝的相对湿度也应稍低些，一般以10%~15%为宜；空气相对湿度也不宜过高，避免过于潮湿而引起病害。

在进行人工无休眠期养殖时，尤其应注意蝎窝内温度与湿度的调节和控制。实践证明，在无休眠期饲养管理过程中，极易造成温度与湿度的不协调。因此，要特别注意防止高温产生的高湿和干燥现象，以保证蝎子的正常生长和健康发育。

3. 水分

蝎子的生长发育离不开水分，缺乏水分，将影响蝎体的正常生理活动。据测定，蝎子躯体的含水量约占其体重的55%。

当水分缺乏时，蝎子机体的新陈代谢便不能正常进行。因此，蝎子必须不断地从外界获取相应的水分，以维持体液平衡，满足机体活动需求。蝎子在不同生长发育阶段所需要的水分不同。例如，蝎子冬眠时，需要的水分很少；生长发育阶段，机体代谢旺盛，需要消耗掉大量水分，所以对水分的需求量就大。尤其是在人工养蝎条件下，由于环境湿度变化大，所以要给蝎子足够的饮水，如放置海绵饮水盘（图9-1）。

图9-1 蝎池内放置海绵饮水盘

蝎子对水分的获取主要有3个途径。第一，通过进食获取大量的水分。蝎子吃的昆虫等食物水分含量高达60%~80%。第二，通过体表、书肺孔从潮湿大气和湿润土壤中吸收水分。第三，在非常干燥的情况下，蝎子直接吮取水分（图9-2）。一般情况下，当环境湿度正常、食物供应充足时，蝎子一般不需要饮水。

图9-2 蝎子直接吮取地面上的积水

4. 风化土

蝎子一生中的大部分时间都在穴中度过。蝎窝一般是泥石构成的，其中含有很多风化土。风化土中含有丰富的微量元素和矿物质，对蝎子的生长具有独特的作用。观察发现，蝎子长期在无土的环境中会有食欲不振、逐渐消瘦、光泽尽失和不能蜕皮等现象。而在有水分和风化土的情况下，蝎子即使不吃不喝，也能存活 8~9 个月。任何一种饲料都不具备风化土这种特有的生理调节功能。蝎子在填充期后期食入一定数量的风化土，可用风化土直接吸收躯体内游离的水分和消化道内多余的水分，从而加速入蛰前的脱水过程；在气温偏低时，风化土则成为蝎子的主要食物，可以帮助蝎子度过不利的春寒时期。即使在蝎子的生长期内，消化道内仍有少量风化土存在，风化土在幼蝎蜕皮的过程中也会起到很重要的作用。

蝎子对风化土的酸碱度比较敏感，要求风化土以中性为宜，pH 为 7 左右，一般不超过 9、不低于 5。因此，在北方盐碱地区、南方酸性红壤区都没有蝎子栖居。

5. 光线

蝎子喜阴怕光，对弱光有正趋性，但蝎子最怕强光直射和阳光暴晒。蝎子一生大多数时间躲在洞穴里休息，交配产仔也是在光线较暗的地方进行，晚上（19：00~24：00）才会出来活动、觅食。虽然如此，蝎子仍然需要借助太阳光来吸收辐射热，这样有利于蝎子的生长发育和体内胚胎的孵化。野生蝎子通常在早春日温 12~18℃时，在距土表 2~5 厘米的缝隙内或厚度为 1~1.5 厘米的坡下，吸收日光的热量，这也称为晒暖。蝎子不能常年处于阴暗潮湿的环境中，尤其是在冬蛰期间，应使养殖室、垛体等尽量接收到光照，并想方设法延长被照射的时间。如用塑料大棚养殖蝎子（图 9-3），可以采取适时晒垛的措施，防止养殖室内冬季出现过于潮湿的

图 9-3　塑料大棚养蝎

现象，确保蝎子安全越冬。

6. 风

风对蝎子的活动有很大的影响。在野生的自然状态下，春季若刮西南风，特别是雨后的西南风，第二天蝎子外出活动就较多。蝎子在夜晚外出活动时，一般顺着微风跑得很快，而逆风则跑得很慢。在刮大风及暴风雨即将来临的时候，蝎子很少外出活动。但是在室内养蝎时，蝎子受风的影响很小。

7. 空气

蝎子在空气缺乏的情况下，有很强的忍耐力，而且能从空气中摄取水分和热量来维持生存。但是蝎子主要是靠书肺进行呼吸的，其生活环境中空气的冷热、干湿状况，以及蝎房内空气中氧气和二氧化碳的含量，对其生长发育都有直接影响。尤其是蝎子对二氧化碳和一氧化碳的气味特别敏感，易引发中毒。如果蝎房通风不好、空气不流通，蝎子就不能吸入足够的氧气，从而阻碍体内的新陈代谢活动；同时蝎房内的二氧化碳也不能及时排出，这样也不利于蝎子的身体健康。所以，人工养殖蝎子时，蝎房要注意开窗，以保证空气的流通。冬季在蝎房内用煤炉加温时，一定要将废气通到蝎房外面，以免蝎子发生二氧化碳、一氧化碳中毒而死亡。

8. 清洁卫生

保持养蝎房（室）及蝎窝（池）的清洁卫生，及时清除食物残屑、蝎子粪便和腐败食物，经常更换饮水槽或盆（碟）。平时多注意观察，发现病蝎，应及时隔离，并积极采取防治措施。一旦出现有发霉现象的死蝎，应立即清除，并进行喷药消毒，防止致病细菌、病毒的侵害和蔓延（图9-4）。

图9-4 观察蝎子的健康状况

第十章
搞好蝎子的采集加工,向产品要效益

第一节 采收加工蝎子的误区

一、采收季节和蝎龄上的误区

许多养殖者为了更好地降低饲养成本、提高养殖场地的利用率、尽快实现养殖效益,常常把在夏季刚完成交配任务的雄种蝎和在秋季刚产完仔的雌蝎加工成药材"伏蝎"(在夏季加工的蝎子叫"伏蝎")和"秋蝎"(在秋季加工的蝎子叫"秋蝎"),然后进行出售,以获取更多的利益。一般认为,雌雄蝎子完成繁殖任务后,身体处于最重的状态,此时若不出售,留下来也不能作为种蝎,如继续饲养,蝎子的体重会逐渐下降,饲养价值也不会增大。因此,应该尽快出售,这样还能提高经济效益。其实这种做法也是不合算的。因为无论是经过食物充足的夏季的雄蝎,还是度过孕期的雌蝎,期间都大量摄食,身体比较肥胖,从表面上看蝎子的体重增加了,但其腹内物质很复杂,有些东西没有完全消化,从而给加工带来困难,加工出的成品率较低,成品色泽不正,储存相对困难,也卖不上好价格。

二、加工与不加工的误区

目前全国市场上的蝎子价格一般是指活蝎子的价格,而不是干蝎子的报价。因为在蝎子交易市场上,有70%的蝎子都是活蝎子,只有30%的蝎子是干蝎子。干蝎子只能作为药材,很少有人用干蝎子做美味佳肴。一般3千克活蝎子才能制成1千克干蝎子,市场上干蝎子的价格根本达不到活蝎子价格的3倍。养殖场(户)若卖制好的干蝎子是不合算的。所以,只有那些养殖过程中死亡的全蝎和残缺不全的蝎子才会被制成干蝎子。如果养蝎子的目的是专门制作中药材市场所需的干蝎子，那就要好好核算一下养殖效益了。一般来说，只有出售鲜活蝎子才能赚钱，若把鲜活蝎子加工后再出售，赚的钱反而会减少。

三、蝎毒提取的误区

随着民间养蝎热的升温，有些单位和个人为了获取暴利，利用人们对这一行业缺乏了解和求富心切的心理，鼓吹养蝎一本万利，母蝎一年产3~4胎，养一只蝎子能获利几十元，甚至几百元提取的蝎毒更值钱等。所以，养殖者在引种时一定要小心，要先了解蝎子的一些基本常识，并认真考察、分析，判断所引种的单位或个人是否在炒作，所售的蝎子是否是经过驯养的家养蝎（纯野生蝎千万不能引种），所宣传的养蝎速生、提毒、高效益等内容是否夸大其词。一定要到专业性强、信誉好、技术成熟的有资质的正规养蝎场（户）去引种。

【注意】

蝎子引种时，一定要先经过市场调查，到有资质的正规养殖场（户）引种，不要盲目轻信小道信息，严防上当受骗。

第二节　提高经营效益的主要途径

一、合理选择蝎子的采收时间

蝎子的采收是指为了加工及外售活蝎（包括种蝎）而将蝎子从饲养池（盆）中捕移的工作。人工恒温养殖的蝎子一般1年多即可采收，自然温度养殖的蝎子一般要3年多才可采收。雌蝎的采收一般应在妊娠母蝎产仔前2周进行，除了较好的种蝎留种之外，其他交配过的公蝎、产仔三四年以上的雌蝎以及一些残肢、瘦弱的蝎子，都可以用来加工或食用。为更方便采收，可以将酒精喷在养殖室内，蝎子受到刺激后便从洞里爬出，直接采收即可。

对于用作药材的蝎子，每年最好的采收时间是清明之后、立夏之前的一个多月。因为这时的蝎子刚刚从冬眠中苏醒，还没有大量摄食，雌蝎尚未妊娠或处于妊娠的极早期，也就是说这个时期所有的蝎子都处于空腹状态，加工的成品率较高，且颜色纯正，此种全蝎药材叫"春蝎"。一般药材部门将加工较好的"春蝎"列为全蝎上品，而"伏蝎"和"秋蝎"即使加工再好，也只能算中下等品。所以，对于药用蝎子养殖者来说，每年采收蝎子的时间应在春季。采收食用的蝎子，除了孕后期和背仔期的雌蝎不宜采收外，其余的成年蝎可随时捕捉上市。由于食用的蝎子要求是活蝎，所以养殖者每次捕捉时都应根据市场需求量和销路来确定捕捉量。

二、搞好蝎子的加工处理和保存

1. 加工蝎子的选择

目前，虽然市场上蝎子供不应求，但是繁殖能力好的成年雌蝎和雄蝎不能被加工利用，必须让其继续繁殖或以种蝎出售，以获得更好的经济效益。因此，在选择加工蝎子时，必须进行合理的选择。

1）对于配种能力差的雄蝎，或生性残忍、好斗架的雄蝎，以及蝎群中过多的雄蝎，都应该尽早淘汰加工利用，以确保种蝎群优良，利于提高蝎子的繁殖率及仔蝎的成活率。

2）对于饲养时间较长、已经老龄化的种蝎（即一般交配产仔超过3年的雌蝎），因其生理机能已经下降，往往表现为受精率差、空怀多、繁殖率低，产出的仔蝎体弱、生长速度慢、成活率不高，所以利用价值不大，应尽早淘汰加工利用。

3）近亲繁殖的雌蝎不仅繁殖能力差、产仔少，而且经常产下死蝎和畸形蝎子，没有再保留的价值，应该全部淘汰加工利用。

4）对于无治疗价值的病蝎、残蝎，以及瘦弱的成年蝎和青年蝎，应及时淘汰加工利用。

5）对于有吃仔习性、产后不背负仔蝎、成活率低下的壮年蝎，也应及早淘汰加工利用。

6）对于野生蝎，除了幼蝎和作为种用驯养的蝎子外，其余应该全部加工利用。

2. 蝎子的加工方法

（1）咸全蝎的加工方法 咸全蝎又称盐水蝎，是指在加工时加入食盐而制成的全蝎。

咸全蝎的加工方法：首先将蝎子放入塑料盆或塑料桶内，加入冷水冲洗，洗掉蝎子身上的泥土、杂物和粪尿。这样反复冲洗几次，洗净后捞出，放入事先准备好的盐水缸或锅内（一般1千克活蝎加入300克盐、5000毫升水）。缸或锅盖上草席或竹帘，盐水以没过蝎子为宜，先浸泡0.5~2小时，然后加热煮沸。水沸后维持20~30分钟，开盖检查，用手指捏其尾端，如挺直竖立、背面有抽沟、腹部瘪缩，即可捞出（图10-1），放置在草席上，在通风处阴干或晾干，即成为咸全蝎或盐水蝎。切忌在阳光下暴晒，因为日晒后蝎体起盐霜，易返潮，影响商品质量。阴干后的咸全蝎在入药时要用清水漂走盐质，以减少食盐的含量。

图 10-1　将全蝎放入盐水锅内煮沸

（2）淡全蝎的加工方法　淡全蝎又称淡水蝎、清水蝎，即在加工时不加入食盐而制成的全蝎。

淡全蝎的加工方法：先将蝎子放入冷水盆或桶内浸泡，洗掉蝎子身上的泥土、杂物和粪尿。但时间不宜过长，否则蝎子会被淹死，一般在清水中浸泡1小时左右为宜。洗干净后捞出，放入沸水中，用旺火煮30分钟左右，锅内的水以浸没蝎子为宜，出锅后晾晒阴干或烘干即成淡全蝎。需要注意的是，煮蝎子的时间不可过长，以免破坏蝎体的有效成分。

咸全蝎和淡全蝎各有优缺点。咸全蝎在湿热的夏季会变得湿漉漉的，容易起盐霜，常有缺肢断尾的现象，但不易遭虫蛀、发霉等。而淡全蝎不返卤，形态较完整，但易遭虫蛀或发霉，干燥时易碎，难以妥善

保存。从药效来看，多数人认为淡全蝎较咸全蝎要好。

3. 加工蝎子的质量等级与鉴别

(1) 加工药用全蝎的质量等级　药用全蝎的质量等级一般依据蝎子的外形完整率来判断。收购时，将药用全蝎分为四级：一级蝎完整率为95%，二级蝎完整率为85%，三级蝎完整率为75%，四级蝎完整率为65%。在实际操作中，全蝎加工后的色泽往往也成为判断质量的标准。一般正品的全蝎为棕色或黄色，黑色属于次等品。因此，在加工全蝎时，应注意其外形完整率及颜色。

(2) 商品全蝎质量的鉴别　优质成品蝎的蝎体阴干得当，干而不脆，个体大小均匀，颜色纯正，全身呈淡黄棕色，显油润，有光泽，略带腥气，味咸。蝎体完整，头、尾、足齐全，没有碎裂及残缺，无碎屑，头部与前腹部呈扁平椭圆形，后腹部呈尾状，皱缩弯曲。蝎体共13节，头部有钳状脚须1对，腹部有足4对，末端各有双钩爪，腹部最末一节有一个尖锐毒钩。空腹，身上没有泥沙等杂质，没有盐霜，不返卤。大小分离，不混杂。

死蝎加工成的全蝎和品质低劣的全蝎往往表现为个体大小不均，干湿不适度，易碎裂、残缺，而且表面往往有盐晶体及杂物，最明显的是颜色不正，甚至呈青黑色。这类全蝎质量差、易变质，不耐储存。从时间上来看，以春季制干蝎的全蝎质量最佳，因为此时的蝎子体内杂质较少，性味俱全，有"春蝎"之称。

4. 全蝎的保存方法

加工好的成品蝎初步分好等级后，应及时包装储存，宜放入布袋、纤维袋或草袋内，扎紧袋口，放于阴凉干燥的通风处保存。为了防止反潮，应进行密封。最好的储存方法是先用防潮的纸包好，每500克一包，放入木箱中。木箱内壁可涂刷猪血，箱内衬油纸，箱封好后存放于阴凉干燥处。如果不具备这样的储存条件，也可采用一种简单的方法，即将干蝎装入一个加厚的塑料袋中，排尽空气，密封后置于阴凉干燥处。

在保存期间，应注意防止暴晒、虫蛀和发霉。为防虫蛀，蝎箱内可撒一些花椒。大宗商品可用磷化铝熏，质量好的全蝎按上述方法进行密封储存，储存3年也不会变质。有的地方在包装前用少许芝麻油（香油）均匀搅拌，使成品蝎体黏上薄薄一层油，也可以起到防潮的作用，保存期更长。一般 10 千克成品蝎用 250 克芝麻油即可。如有条件，最好冷藏。养殖户最好将制成的商品蝎及时卖掉，以免长期保存不当而造成损失。

三、搞好蝎子的运输管理

蝎子的运输一般是指活蝎的运输。加工后的蝎子的运输不存在多大的困难和问题，只要注意不损坏外包装、不压碎内包装即可。但是，活蝎运输首先要保证蝎子的成活率，尤其是种蝎的运输，不仅要保证运输途中的成活率，而且还要保证到达目的地后、恢复体力之前的成活率。同时，还要注意，活蝎子有毒，如果包装不好，蝎子跑出来后会蜇伤人畜，所以必须讲究运输方法。活蝎运输根据所运蝎子的数量大小以及路程远近而采用不同的方法。

1. 塑料桶运输

塑料桶运输蝎子是指用圆形塑料桶运输蝎子的一种方法。

装桶时，为了确保运输过程中装蝎子的桶能通风透气，可以先将桶盖用烧红的铁丝穿几个孔，也可以用电钻等器械在桶的上方钻几个孔，孔的大小以蝎子钻不出来为宜。然后，在桶内装入几块消过毒的鸡蛋托，一是为了不让蝎子互相挤压，二是能使桶内形成一个暗的环境，避免蝎子见光后乱跑乱动，产生应激反应。鸡蛋托离桶口 5 厘米左右，这样，蝎子就不能从桶里爬出来。把需要运输的蝎子根据桶的规格称重，一般一个规格为 22 升的桶不能装超过 3 千克的蝎子，可根据桶的大小适当增减蝎子的数量。装好蝎子后，把桶盖盖上，在桶盖的两个对角粘上透明胶带或包装带，确保桶盖不能打开。这样形成两个防止蝎子逃跑的保障，一是开盖时，蝎子不能爬到胶桶上，方便装蝎；二是盖上盖后，即使桶由于运输而震倒或不小心被碰倒，蝎子也不能从里面跑出来。这样也可以将桶随身带上火车或汽车进行长途运输。

该方法适宜运输少量的蝎子，即几千克或十几千克的蝎子，长途或短途都适用。

2. 塑料盆运输

塑料盆运输是指用方形塑料盆运输蝎子的一种方法。

装盆时，先在离盆口 2 厘米处沿四周打 1 排或 2 排孔。打孔的方法、孔的大小及数量同塑料桶运输。然后放入几块消过毒的鸡蛋托，再把蝎子倒进去。一般规格为60厘米×40厘米×30厘米的塑料盆可装5~6千克的蝎子，可根据塑料盆的大小适当增减蝎子的数量。运输时多采用叠装法，即一个方形盆叠一个方形盆，一般放3~4层，多者可达7~8层，但是必须保证其稳固不倒。为了加强稳固性，可用5厘米宽的透明胶带将每一层的盆与盆之间连好，使其成为一体，这样就非常牢固。若运输量不是很大，不需要叠装时，可在盆口封上纱窗网，且盆口周围不需要打孔。

该方法适宜长途、大量运输蝎子，一般载重量1吨的货车一次能运500千克左右。若是在盆中放一些饲料虫，一般运输3~4天。

3. 编织袋运输

编织袋运输是指用尼龙编织袋运输蝎子的一种方法。

运输时，先将蝎子装入洁净、无破损、无毒害的编织袋内，装运密度为每袋500只左右。在离袋口5厘米处用包装带扎好袋口，以防止蝎子逃出。然后，将编织袋平放入底部有海绵或纸板、纸团等的包装箱中，尽量使蝎子均匀分布在平面上，减少互相挤压，避免造成损伤。在离下层编织袋3~4厘米处，用竹片或小木条搭一个平台，然后再放另一个编织袋。一般一个包装箱内以放3~4层编织袋为宜，一个包装箱可以装6~8千克蝎子。蝎子放好后，包装箱可用5厘米宽的透明胶带封好。运输过程中要避免包装箱剧烈震动，夏季运输时要注意防止高温和不通风，冬季要注意防寒。

该方法适用于大量运输，但运输的时间不能太长，一般不宜超过1天。通常长途飞机运输或短途运输多采用此法。

四、做好蝎毒的提取与加工

蝎子的药用价值在很大程度上取决于蝎毒。蝎毒用途较广，如现代医药、化学以及其他领域都需要蝎毒。提取蝎毒能提高养蝎的经济效益，是养蝎比较重要的技术环节。

1. 蝎毒的提取方法

蝎毒的提取方法主要有两种，即剪尾取毒法和人工刺激取毒法。剪尾取毒法主要是根据蝎子尾节毒刺的解剖构造（图10-2），直接断掉尾巴或将尾节的毒囊剪下后取毒。而人工刺激取毒法是通过给蝎子一定的外界刺激,让蝎子排出毒液。人工刺激取毒法是一种被动排毒,有两种情况。一种可能是蝎子受到刺激或惊吓而发生防卫性排毒,另一种可能是刺激直接引起大脑兴奋而引起毒腺排毒。因此,人工刺激取毒分为机械刺激取毒法和电刺激取毒法。

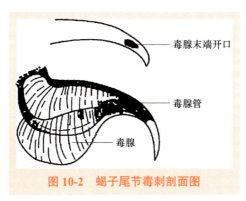

图 10-2　蝎子尾节毒刺剖面图

(1) 剪尾取毒法　这是一种简便的取蝎毒的方法。具体做法是:采集者切开并破碎蝎子的尾节,用蒸馏水或生理盐水(0.9%的氯化钠溶液)浸取有毒成分。或直接将蝎子尾节(毒囊)切下,用清水冲洗尾节及表面的灰尘,然后用蒸馏水或生理盐水浸泡,再将尾节研磨,用离心机离心(5000转/分)5分钟,重复3次。将其上清液搜集在一起,进行真空冷冻干燥,就可得到淡黄色的粗毒干粉。分装标记后,放于-20℃条件下保存。

剪尾取毒法的优点是简便、快速,采毒量大。切开并破碎蝎子的尾节取毒方法特别适合在山野捕捉山蝎后及时取毒。剪尾取毒法的缺点是被采过毒的蝎子尾节或毒囊已剪,不可再继续产毒,只能利用一次,造成了浪费。取毒后的蝎体不完整,也不能加工成全蝎,严重影响蝎子制品的药用价值及经济价值。

(2) 机械刺激取毒法　为了克服剪尾取毒法导致蝎体不完整的不足,可采用人工刺激的方法,诱使蝎子多次排出毒液。其中,机械刺激取毒法是用一个金属镊子紧紧夹住蝎子的一个触肢,夹的力量由小到大(以不夹破、不夹断触肢为宜),逐渐刺激蝎子排毒,在蝎子尾刺处用试管接收流出的毒液。

机械刺激取毒法是一种比较简单的取毒方法,这种取毒方法可以反复刺激蝎子，让其不断产毒、排毒，同时也不会损害蝎体的完整性，使蝎子仍保留原来的药用价值和经济价值。采用这种方法，虽然蝎子排毒较多，但工效很低，安全性差，而且所排毒液多是含碱性蛋白质的透明毒液，一般排毒不够彻底，适合小规模养蝎取毒。

（3）**电刺激取毒法** 电刺激取毒法是用电子脉冲取毒仪器采集蝎毒的一种方法。用电刺激取毒法较易获得毒液，且毒量多、工效高，一人即可操作，全年可多次采毒而不至于损害蝎子，是我国目前较为先进而科学的采毒方法，被许多养蝎场所采用。

1）器材用具。电子取毒仪器一台，木制采毒工作台（可用两屉办公桌代替）一个。工作台上面铺5毫米厚的、与工作台面积相仿的玻璃板一块，将取毒仪器放在玻璃板上。60毫升的烧杯一个，电吹风一个，喷壶一个，乳胶手套一副，滑石粉少许，不锈钢针一根，20目的规格为高15厘米、长60厘米、宽50厘米的筛子一个，筛子的内壁要贴上宽幅的透明胶布，以防蝎子外逃。

2）采毒方法。将烧杯洗净消毒，沥干水，称重后放在工作台的玻璃板上。烧杯内放一根消过毒的不锈钢针，钢针的长度以稍高出杯口为宜。将准备采毒的蝎子放在筛子中停留2小时，让蝎子爬行、相互拭掉身上的泥沙和附着物，再用电吹风吹掉蝎体上的灰尘等。然后用喷壶向蝎体表面喷少量的生理盐水，以固定蝎子表面剩余的灰尘，使之不飞扬，而且蝎子的体表湿润也易于导电。

采毒时，工作人员要穿戴洁净的白色工作服和工作帽，双手擦少许滑石粉，戴上乳胶手套。然后接通电子脉冲仪器的电源，将采毒器的两根导线联接到两个镊子上，将脚踏开关放在地上靠近右脚的位置。两手分别拿起两个镊子，一个镊子夹住蝎子后腹部第五节两侧，另一个镊子夹住蝎子的尾部第一节，使蝎子的腹面向下，毒刺朝向烧杯，并移近于烧杯内，脚踏开关通电1~2秒，蝎子便会自动排出毒液。开始射出来的透明毒液，旋即转为白色黏稠状，此时立即抬脚断开电源。如毒刺尖端悬有毒液，应立即在烧杯内的钢针上一拭，拭掉毒刺上悬挂的毒液。可再重复通电1~2次，然后将排出毒液的蝎子放入另一个塑料盆中，待全部采毒完毕后，用洁净纸包扎烧杯口，把采集的毒液放入冰箱的冷冻层中保存（-24~0℃）。毒液不能在常温下久置，冰箱也不能中途停电，最好是尽快置于真空干燥器内进行干燥处理。

【小知识】

没有经过加工的刚采集的新鲜毒液称为湿毒,其含有大量水分,在常温下保存极易变质。在低压的条件下,毒液中的水分能够快速蒸发,放在冰箱内也只能保存半个月左右;若经过干燥后加工成干毒粉,可提高粗毒的稳定性,能较长时间地保存和应用。

3)注意事项。

① 不能在阳光直射下采毒,宜在背风阴凉处或空调房中进行。

② 用于盛毒液的烧杯要事先洗净、烘干、称重(准确记录至小数点后两位),贴上编号,注明日期,包好备用。在采毒过程中,要严格注意卫生,确保采毒的纯度和质量。

③ 有个别蝎子在通一次电时不排毒,须再通一次电。但通电时间一定要保持在1~2秒,不得超过2秒,以免烧坏仪器和损伤蝎子。

④ 蝎子的排毒量随温度的变化而有差异。温度高时则排毒量相对较高,温度低时排毒量相对较低。当温度低于20℃时,蝎子的排毒量相当低,有的几乎处于停滞状态。当温度低于10℃时,蝎子则停止排毒。因此,常温养殖蝎子要采毒,就必须在6月气温高于25℃时开始采毒。9月气温逐渐下降到25℃以下时,要停止采毒。

⑤ 临产前的雌孕蝎和种蝎不能用于采毒。用于采毒的蝎子多为商品成年蝎和老龄蝎。但最好选用个体较大、不做种用的雄性成年蝎采毒,因为雄性的、个体大的蝎子排毒量大,最多的一次可排毒4~5滴。

【注意】

雌蝎在妊娠期间不能进行采毒,否则容易造成流产,甚至死亡。

2. 蝎子的产毒量及影响毒量的因素

(1)**蝎子的产毒量** 蝎子的产毒量一般很小,通常每只蝎子产干毒量不超过1毫克。产毒量最大的是钳蝎属的蝎子,每只蝎子可产毒2毫克。我国的东亚钳蝎产毒量较少,大约3000只成年蝎能提取3克湿毒,加工成干粉约为1克。

(2)**影响蝎子毒量的因素** 蝎子的含毒量和排毒量与蝎子的种类、性别、龄期、体型大小、营养状况、季节、环境条件以及温度、湿度等多种因素有关。

1) 年龄和性别。一般在蝎子性成熟以后（6龄蝎）开始采毒，此时正是蝎子生长发育的成熟期，排毒量大，采毒后不会影响蝎子的生长和繁殖。同龄雄蝎的个体一般比雌蝎小，其产毒量也比雌蝎少。在电脉冲刺激下，1只雌蝎3次可产湿毒2.59毫克，1只雄蝎3次可产湿毒2.01毫克（按每隔7天采一次毒计算）。

2) 季节。温度的高低直接影响蝎子的生长和发育，蝎子采毒最适宜的时间是每年的4~10月，此时气温较高，正是蝎子活动、觅食、生长和发育的最好季节，也是蝎子含毒量最多、品质最好的时节。11月至第2年3月，由于天气寒冷，温度较低，蝎子进入冬眠期，此时不宜采毒。25~39℃是采毒的适宜温度，但以25~35℃为最佳。如果采用加温无休眠法养殖蝎子，只要保持上述温度，蝎子一年四季均可产毒，随时可以采毒。

采毒对蝎子的生长、发育和繁殖虽然都有一定的影响，但实验表明，影响并不大。蝎子排毒后，只要注意改善其饲养管理，加强营养，一般10日后可再次采毒。

3. 蝎毒的加工技术

采集的鲜毒液除立即使用外，一般应尽快进行干燥加工，以提高粗毒的稳定性，也便于保存。为防止蝎毒内的酶类在干燥时失去活性，通常采用真空冷冻干燥法。如果不需要保持毒液中酶的活性，仅保持毒液的活力，可采用真空干燥法。

(1) 真空干燥法 真空干燥法是用真空干燥装置对蝎毒进行干燥的一种方法。

1) 真空干燥法原理。将干燥器中的空气尽可能地抽出，造成负压，干燥室的温度就会降低，而且在低压下毒液中的水分蒸发得很快。因此，真空干燥的优点在于，既能使毒液迅速干燥，又能防止毒性成分失活。

2) 加工方法。将所取的鲜蝎毒液在2500~4000转/分钟高转速下离心30分钟，把土、钙质等杂质分离出去，得到纯蝎毒液，然后放入冰箱内冷冻。在干燥器的活塞周围和盖口涂上少许凡士林，然后检查整个装置是否漏气。将冷冻后的纯蝎毒液移入真空干燥器内，在干燥器的底层放上适量的干燥剂（氧化钙），干燥剂上面覆盖4层新纱布，纱布上面放置装有蝎毒的烧杯,烧杯口也用数层纱布盖住(防止毒液沸腾时溅出)。盖上干燥器的盖子并稍作转动,使其密闭,启动真空泵,趁其盖子不动时关闭活塞,然后关闭真空泵。

抽气过程中要注意观察,如果发现蝎毒表面产生大量气泡,要停止片刻后再抽,直至基本干燥。再静置24小时,使蝎毒彻底干燥,变成大小不等的颗粒结晶体,这就是初加工的粗品蝎毒干粉。

蝎毒干燥后,应缓缓旋开活塞,让空气进入,以防冲散蝎毒干粉。然后打开干燥器的盖子,在净化条件下取出干粉,并立即分装入棕色玻璃瓶中,溶蜡密封,贴上标签,注明蝎毒粉的制备日期和重量。将玻璃瓶外面包上不透明的黑纸,置于−5℃的冰箱内保存,一般5年内不会变质。

(2)真空冷冻干燥法 真空冷冻干燥法又称升华干燥法,是将采集的新鲜蝎毒冷成固体后,在真空环境下使之升华,得到蝎毒干粉的一种冻干方法。

加工方法:先将鲜蝎毒液放入冰箱内冻成冰块,再放入烧杯中,烧杯口用数层纱布盖住,以防在升华干燥时下层升华蒸汽将上层的干毒粉冲出。在干燥器的活塞周围和盖口涂上少许凡士林,然后检查整个装置是否漏气。将装有蝎毒液冰块的烧杯放入干燥箱,盖好盖子,打开调温仪,干燥箱内温度控制在−10℃,然后启动真空泵,经过5~10小时,待冰块升华完毕,就可得到冻干的蝎毒粉。

第三节 蝎子蜇伤与救护

人们在养蝎过程中,尽管保护措施严密,但在日常管理、捕移、采收,甚至运输包装过程中仍有人被蝎子蜇伤。特别是在捕移及采收操作中,被蝎子蜇伤的情况相当普遍,因此,加强安全保护非常重要。

一、自我保护方法

饲养管理人员整天与蝎子打交道,自然就有被蝎子蜇伤的危险,因而学会自我保护的方法显得十分必要。饲养管理人员自我保护包括两方面,即设施保护和行为保护。

无论采取哪种保护方法，饲养管理人员首先要树立防蜇意识，从思想上引起重视。既不要麻痹大意、持无所谓的态度，也不要过分恐惧；既要认识到蝎毒的剧烈毒性，也要认识到人能顺利解毒。

1. 设施保护

设施保护是指在日常饲养管理和捕移、采收、加工操作的过程中，要注意采取配备相应的保护措施的方法。因此，要做好以下几点。

1）要穿戴整齐，用衣物保护自己。一般应穿长袖衣、长管裤、长筒袜及不带网洞的鞋，并扎紧袖口、裤腿，穿戴好防护手套，手套与袖口处要连结好、扎紧。

2）配备各种必要的捉蝎、装蝎物品。扫帚、刷子用于清扫及收捕蝎子；用镊子或竹夹子代替手捉蝎子；有孔、带盖的塑料桶或搪瓷盆等盛装容器，用于转运、暂放蝎子。

3）蝎房要有安全保护设施，上面用网罩罩上，墙壁上贴有防逃玻璃条等，门、窗都要安上网罩，防止蝎子逃跑和伤人。

2. 行为保护

行为保护是指饲养管理人员在饲养管理过程中，严格遵守蝎场的各项操作规程，尽量做到操作行为规范化，避免因自身的行为动作不当而导致被蝎子蜇伤。因此，要求饲养管理人员做好以下几点。

1）在饲养管理过程中，饲养管理人员应尽量减少对蝎子的刺激，并注意不要轻易用手及身体其他部位触及蝎子的尾部。

2）在蝎池或蝎窝内捕捉蝎子时，要讲究方法。在捕捉蝎子时，必须思想集中，避免手同蝎子接触。蝎子在行动时，可先吹一口气，使它处于临敌状态，待其停止爬行时，迅速用竹夹子（竹筷子）或镊子适度夹取，迅速装入容器中。用手提取时，食指和拇指要配合好，动作要敏捷，迅速捉住蝎子的尾刺部位（图10-3）；放下时，先让蝎子的前足着地，再松手，这样操作就不会被蝎子蜇伤。倘若由于疏忽，蝎子爬上手背，也不要惊慌失措，只要不碰痛它，它便不会蜇人。出现这种情况时，可用竹夹子（竹筷子）夹住蝎尾，将蝎子轻轻放入蝎窝或容器中（图10-4）。

3）非饲养人员一律不得擅自进入蝎场养殖区，尤其是不能用手逗引蝎群，以防被蜇伤和惊动蝎群。

图 10-3　用手捉取蝎子

图 10-4　用竹筷子夹住蝎尾

【注意】

每次操作完毕后要将所戴手套进行去毒处理，以防手套带毒后被手及其他部位接触，尤其是被伤口接触，蝎毒通过伤口进入体内，使人中毒。

二、蜇伤后的临床表现和处理方法

1. 蜇伤后的临床表现

蝎子在一般情况下并不随便蜇人。蝎子平时将毒钩蜷曲在脊背上，如果未受到惊吓、碰撞和挤压，即使爬到人的身体上也不会蜇人。蝎子蜇人部位多在手、脚等部位。人经常用手去接触蝎群，极易被蝎子蜇伤。蝎子蜇人时把毒液注入被蜇处，有时候毒针会断在被蜇处的皮肤或者肌肉内。

人被蝎子蜇后，一般表现为被蜇部位疼痛难忍，1分钟后局部出现有节奏性的冲击式疼痛，并迅速红肿，直至肿块膨大发亮。轻者疼痛将持续5~6小时，一般第一次被蜇后疼痛要持续12小时左右，以后疼痛时间随着被蜇次数的增加而缩短。一般被蜇后的受伤部位逐渐麻木，很快出现水泡，有些人被蜇部位会出现流血。大多数情况下，被蜇后只表现为局部症状，并不扩散至全身，但是也有极少数病例出现急性全身中毒反应。除了局部症状以外，往往还表现为头昏、头痛，全身不适，并有出汗、尿少、嗜睡等症状，严重的可出现寒战、发热、心律失常、恶心呕吐、肌肉强直、流涎、昏睡、盗汗、呼吸增快等症状，甚至发生抽

搐及内脏出血、水肿等病变。儿童被蜇伤后，严重者可能因呼吸、循环衰竭而死亡。

中国产的蝎子主要以东亚钳蝎为主，其毒力较弱。人被蜇伤后一般只出现局部灼痛、轻微红肿等症，一般约1小时便会自然消失，也看不出明显被蜇伤的针眼。但是，由于人的体质或体液的差异，对蝎子蜇伤的反应也不同。有的人被蝎子蜇伤后比较严重。

虽然被蝎子蜇伤不会引起很大的危害，但有的人很敏感。一旦出现全身症状，如呼吸困难、血压降低、心律失常，应立即送往医院或者请医生诊治，不可掉以轻心。

2. 蜇伤后的急救方法

被蝎子蜇伤后，不要麻痹大意，不管反应严重与否，都应及时进行处理。首先要准确地找到被蜇伤的部位。若蜇伤部位在四肢，应立即在蜇伤伤口上部（近心端）3~4厘米处用止血带或布带、绳子扎紧（每隔10~15分钟松开1~2分钟），然后拔出蜇入的尾刺，挤出或吸出毒液，然后根据蜇伤中毒的程度，采用以下治疗方法。

1）用风油精或清凉油（万金油）涂抹蝎子蜇伤处，可使症状缓解或消失，减轻痛苦，不至于中毒。

2）用3%的氨水、0.02%的高锰酸钾溶液、5%~10%的小苏打溶液或冷的浓肥皂水、洗衣粉水等清洗被蜇伤处。

3）将被蜇伤的手浸入冰水中或贴附在冰块上，用冰镇的方式止疼。或者在伤口周围进行冰敷或冷水敷，以减少毒素的吸收和扩散。

4）采用食盐疗法，即将食盐饱和溶液滴到伤处，尤其用饱和盐水2~3滴滴入眼中，刺激结膜，对蝎子蜇伤治疗有特效。

5）若口腔黏膜无破损，也可用口吸出毒液。

6）用手从伤口周围向伤口处用力挤压，使含有毒素的血液从伤口挤出。

7）将鲜活的蜗牛捣成肉泥后涂于患部。

8）在蝎子蜇伤处皮下注射3%的吐根碱（依米丁）1毫升，或注射1∶1000的麻黄素溶液0.5毫升，可止疼并防止毒素扩散，消除症状。

9）用 0.25% 的普鲁卡因溶液进行局部封闭，可以止疼、缓解症状。

10）对出现全身症状者，可静脉注射 10% 的葡萄糖酸钙 10 毫升；或肌内注射阿托品 1~2 毫升；或静脉注射可的松 100 毫克（加入 20 毫升 5% 的葡萄糖溶液中），同时注射抗组织胺药物，以防止低血压、肺水肿等。严重者应马上送医院进行急救处理。

11）蝎毒浸出液治疗法。用蝎毒浸出液治疗蝎子蜇伤、蜂类蜇伤以及蚊虫叮咬伤等有较好的效果。配制方法为：将东亚钳蝎 25 克放入 100 毫升 85% 的乙醇中，密闭封存，浸泡 7~10 天就可使用。使用时，用浸出液涂抹蜇伤处，涂抹后疼痛当即减轻，约 1 小时后痛感就会消失。

12）中药治疗蝎毒的几种方法如下：

① 用蒲公英的白色乳汁外敷伤口，疼痛很快减轻。

② 将中药附子捣碎，加入醋，调成汁后涂敷伤口，可以很快止痛。

③ 将万用锭、二味拔毒散等中成药敷涂在伤口处有很好的疗效。

④ 将大青叶、薄荷叶、马齿苋、鲜芋艿、半边莲等捣烂，外敷伤口，可起到解毒、消肿、止痛的作用。

⑤ 被蝎子蜇伤较重者，为加快解毒和排毒，可配合内服一些中药。汤剂一：金银花 30 克、土茯苓 15 克、半边莲 9 克、甘草 10 克、绿豆 20 克，水煎汁服汤，每日 2 次，有中和蝎毒或解除毒性的作用。汤剂二：五灵脂 10 克、蒲黄 10 克、雄黄 3 克，研成粉，用醋冲服，每日 3 次，有解毒、抗毒的作用。

第十一章
养殖典型实例

多年来,蝎子的市场供给多依赖野生捕捉。但随着化肥、农药的大量使用,野生蝎子的生态环境受到严重的破坏,自然种群数量急剧减少,蝎子生产也呈现出市场供不应求的局面。全蝎作为我国稀有的中药材,全国产量仅能满足市场需求量的30%左右,市场价格稳中有升,而人们的食用量也在逐年猛增。所以,人工养殖蝎子具有很好的发展前途。改革开放后,我国人工养殖蝎子迅速兴起。经过几十年的发展,目前人工养殖蝎子的技术已基本成熟,全国各地涌现出许多成功的实例,开发和创立了许多新技术、新方法,如蝎子无冬眠养殖技术、母仔自动分离式生态养蝎技术、四季恒温塔式养蝎技术、巢格式大棚养蝎技术、立体式恒温养殖东亚钳蝎技术、蝎子速生养殖技术和蝎子疫病综合防疫技术等,有力地促进了我国养蝎事业的快速发展。下面重点介绍几个成功的实例,供广大读者参考。

实例一　河北省顺平县宗瑞蝎子养殖合作社

河北省顺平县宗瑞蝎子养殖合作社坐落于河北省顺平县林涧村,占地面积超过6600米^2。目前合作社有股东20多人、社员100多人,养殖基地由起初的300多米^2,扩大到现在的8000多米^2,现有10个环保生态养殖大棚、3个恒温养殖区,年出栏成年蝎600多万只。合作社虽然起步较晚(建于2010年),但是由于坚持不断创新,经过十余年的发展,发明了恒温大棚—蝎—窝群聚繁殖垛体养殖模式,种蝎繁殖成活率达95%以上,实现了幼蝎—蝎—窝脱皮无残杀,种蝎一年能繁殖两胎。在恒温下需要8~10个月才能出售的蝎子,现在只需要4~6个月就能出栏,并成功繁殖幼蝎,彻底打破了行业认知。该合作社秉承精益求精、诚信经营的理念,不仅使合作社社员取得了可观的经济效益,而且还带动了周边 300 多家养殖户共同致富，产生了一定的社会效益，获得了广大养殖户的一致好评。

一、蝎窝建设

该合作社蝎子养殖面积目前已超过 6600 米^2，主要采用恒温大棚—蝎一窝群聚繁殖垛体养殖模式。该养殖模式是由该合作社的刘振宗于 2013 年发明的。当时制作的蝎窝都是水泥结构，通过手工搭建，虽然操作简便易行、养殖效果也较好，但还存在很多需要改进的问题（图 11-1）。后来经过多次改造完善，于 2019 年升级到第四代，即采用轻体高密度泡沫材质做成整套蝎子繁殖生长蝎窝。为让蝎窝更坚固，在建造时增加了加强筋；为达到蝎窝内环境湿度适宜稳定，还设置了整套加湿系统，湿气能到达每一个蝎窝，不留死角。该窝体使用非常简单，可以拆装搬运，组件组装到一起即可以使用（图 11-2），也可以采用室内立体养殖方式。

图 11-1　水泥垛体蝎窝

图 11-2　第四代窝体套件

二、繁殖与饲养管理

1. 种蝎繁殖

根据种蝎的种用标准，挑选好种蝎，按照一定的合理比例，把种蝎放到孕蝎群聚繁殖垛体里面，进行日常管理即可，不需要单个饲养管理。该种模式比单杯繁殖要省事得多，在种蝎进行繁殖的时候，会自动一个蝎子一个窝。即使种蝎繁殖时间不集中，各自在蝎窝内也不会发生干扰，繁殖成活率可达到 95% 以上。这主要是因为蝎窝装置的设计结构是按照蝎子的生理特征和蝎子的繁殖习性，以及对环境温度、湿度、光照等的需求设计的，所以繁殖的时候不用再过多地进行人工干涉，种蝎可以自动一蝎一窝轻松繁殖。采用这种模式，一个人就可以轻松管理数十万只种蝎，能大大降低养殖成本，从而提高养殖效益（图 11-3）。

图 11-3　大棚蝎窝垛体养殖

2. 饲养管理

使用该种配套窝体和专用技术养殖蝎子，养殖效益高。在仔蝎从母蝎背上下来的时候，通过人工诱导快速分离技术和专用分离装置孔，就能使刚下背活动的仔蝎在当天晚上全部自动被诱导进入特制的养殖盆内，再进行必要的分离。对刚分离出来的仔蝎，通过专门的喂食方法，可以保证所有仔蝎当天都能吃到一条小黄粉虫，这样为以后的快速生长奠定了良好的基础。一般仔蝎经过 10~15 天的育肥后，就可以放进幼蝎蜕皮蝎窝内进行养殖，使其正常蜕皮、生长和发育。经过 4~6 个月，蝎子进行 7 次蜕皮后，基本上就可以出栏销售或制成蝎子产品。

三、疾病防治

该合作社养蝎基地由于设计制造的蝎窝装置适宜蝎子的生理特征需求和繁殖，再加上平时的精心饲养管理，经常进行环境卫生消毒，保证食物饵料安全、营养齐全，蝎子基本上没有发生大的疫病。

实例二　河南省郏县冠宏养殖专业合作社

河南省郏县冠宏养殖专业合作社即平顶山市生态蝎子地鳖虫养殖基地，位于郏县安良镇孔楼村，占地面积 50 多亩（1 亩 ≈ 667 米^2）。该合作社是在陈超峰家庭蝎子养殖场的基础上建立的。陈超峰家庭蝎子养殖场创建于 2000 年 10 月，属于家庭实验性尝试养殖。由于缺乏基本的蝎子养殖常识和有效的管理方法，2 年后以失败告终。2003 年年底，蝎子的市场价格直升，陈超峰又重整旗鼓，到河北、陕西、山西、山东、安徽、河南等地参观考察其他蝎子养殖场，向知名蝎子养殖专家学习，最后又投资上万元，在城关镇建设了创业型蝎子养殖基地。经过近几年的不断实践探索与研究，成功地开发出"室内育种繁育，室外放养"的蝎子养殖新模式，使蝎子养殖由室内恒温养殖转变为室内和室外相结合的养殖方法。养殖规模由起初的几千只发展到 2006 年的 20 多万只，并创建郏县蝎子养殖基地，同时还兼营黄粉虫养殖和地鳖虫养殖。由于发展需要，2007 年，陈超峰将蝎子、地鳖虫养殖场由城关镇搬迁到安良镇，从此开始了蝎子、地鳖虫、黄粉虫的专业养殖。在县农业局的引导下，2008 年 12 月，陈超峰与合作伙伴投资 30 多万元，正式成立了郏县冠宏养殖专业合作社，成为我国最早的蝎子、地鳖虫综合养殖专业合作社。2010 年 7 月，合作社又注资 500 万元，成为当时我国为数不多的养殖规模较大的蝎子养殖专业合作社之一。2012 年，创建了平顶山市蝎子、地鳖虫养殖研究所，并开始塑料大棚蝎子养殖技术的尝试研究工作。经过两年的实践摸索，于 2014 年扩建 50 亩，采用塑料大棚生态化蝎子养殖模式养殖蝎子。当时是我国第一例采用塑料大棚生态化大规模养殖蝎子。通过建造 80 个生态化塑料大棚（图 11-4），让蝎子养殖从室内温室恒温向生态化常温转变，使蝎子从室外常温露天散养向塑料大棚生态化养殖转变。实践经验表明，采用塑料大棚养殖方法，蝎子的生长速度是自然界常温仿野生养殖速度的两倍，使常温下蝎子的生长周期从3年变为一年半。塑料大棚常温养殖的蝎子，其生长速度和温室恒温养殖的一样快。

图11-4　生态化塑料大棚

一、塑料大棚养殖场建设

用于养蝎的生态塑料大棚与种植蔬菜的大棚基本上一样，但是在建设大棚时有两点基本的要求：一是必须能见到阳光，二是地面不能硬化。塑料大棚养殖蝎子是常温养蝎，不加温，属于仿野生蝎子养殖方法，大棚里面的环境与野生蝎子的生长环境完全一致，只是多了一层塑料膜。野生蝎子每年的生长时间为3~4个月，而大棚蝎子每年的生长时间可达5~6个月，生长周期延长。生态塑料大棚的内部环境结构和野生蝎子窝一样，在地面以下挖地沟，在地沟内填充砖头、瓦块、碎石块等做垛体（图11-5）。大棚蝎子虽然是仿野生蝎子的生存环境进行养殖，但其生活环境却远远优于自然界野生蝎子的生活环境，完全实现了依靠蝎子的生活习性来养殖。大棚内种植植物，饲养5种以上昆虫饵料。昆虫是蝎子吃的饵料，而植物又是昆虫的饵料，这样就形成了一个自给自足的生态化生物链。蝎子吃这些营养丰富的多种活体昆虫饵料，生长发育快而健康，解决了室内蝎子单一吃黄粉虫的弊端（图11-6）。

图 11-5　塑料大棚蝎子养殖垛体

图 11-6　大棚内蝎子在吃蟋蟀

二、大棚蝎子的繁殖与育种

一般情况下，为了提高仔蝎的成活率，室内养殖蝎子都是采用单杯繁殖方法，即一个杯子里放一只孕蝎。如果不这样，就采用集体繁殖的方法，即很多只孕蝎放在一个垛体里面。采用室内集体繁殖方法，仔蝎几乎没有成活率。采用单杯繁殖方法，虽然仔蝎的成活率高，但是不能够大面积繁殖。如果养殖 1000 只孕蝎，就要用 1000 个杯子，工作量大，关键是对孕蝎干扰也很大，很多孕蝎还没有繁殖就死在杯子里了。

大棚蝎子繁殖不用杯子，也不用人工管理，孕蝎自己寻找适合自己繁殖的地方（图 11-7）。大棚蝎子都是集体产子，但是仔蝎成活率几乎在 90% 以上。原因就是塑料大棚里面的蝎子窝就是原生态的，全部是土壤和多孔砖的组合体，形成了无数个产房，孕蝎产仔蝎的时候几乎没有干扰，仔蝎都能够爬上母背。郏县蝎子养殖基地每个大棚长 30 米、宽 6 米，投放种蝎 13200 只。

图 11-7　大棚蝎子繁殖

三、大棚蝎子的饲养与管理

1. 饲养

塑料大棚里面养殖蝎子，将孕蝎直接投放进去，不用人工管理。大棚里面和野外一样，有蚂蚱、蟑螂、蛐蛐、蜘蛛、蚰蜒、地鳖虫、蚂蚱、鼠妇等昆虫，是仿自然生态的养蝎方法。饲养员经常观察大棚里面的食物链的情况，缺少哪种昆虫就要及时补充，同时也要适当投喂些黄粉虫（图11-8）。

2. 管理

塑料大棚养殖的蝎子每年有半年生长期、半年冬眠期。大棚蝎子从5月开始生长，到10月底开始冬眠。冬眠期间预防的敌害主要是老鼠，可以放置老鼠笼、粘鼠纸、老鼠药，或者通过养猫来预防老鼠蚕食冬眠的蝎子。塑料大棚在夏季上午、下午各喷

图11-8 大棚蝎子吃蚂蚱

水一次，晚上投喂些黄粉虫。在夏季高温季节，可将大棚两侧的塑料膜卷上去，通过空气流通来降低棚内温度，而蝎子都在地面以下的地沟内生活，不会因为上面的高温而死亡。冬季外面寒冷，大棚蝎子在地沟里面冬眠，由于地温作用，冬眠的蝎子也不会死亡。当温度到零摄氏度以下的时候，可以将两侧的塑料膜放下来御寒，或者在塑料膜上再盖一层草苫子。

四、疾病防治

在生态大棚内养蝎子，由于采用的是仿野生蝎子的养殖方法，再加上注意平时的日常管理，大棚蝎子是很少生病的。

实例三 河南省孟津县洛阳卫坡全蝎养殖场

河南省孟津县洛阳卫坡全蝎养殖场位于河南省洛阳市孟津县卫坡村，占地面积超过20000米^2，现有常温生态养殖车间6个、加工厂

1个。该场创建于1982年,是河南省扶贫开发协会博士后工程中心协同创新基地,是河南省孟津县总部企业基地(图11-9)。经过多年的实践研究和积累,目前已经发展成为一家集科研、生产、销售、培训于一体的现代化农业高科技企业,在国内已建成养殖分场5个,分布于江西、浙江、河北、山西、河南等地。场长卫玉文喜欢钻研,为了养好蝎子,他跑遍了大江南北,到过许多科研院所、养蝎场,参加了许多蝎子养殖学术交流会,到处学习,积极探索,经过多年的经验积累,综合全国各大养蝎场的养殖方法,成功地创建了"自动化蝎子群蜕皮法""自动加温加湿养殖法",克服了传统养殖蝎子不能解决的许多难题,养殖效益明显提高。

图11-9 洛阳卫坡全蝎养殖场

一、养殖场建设

该养殖场主要采用彩钢瓦温棚养殖方式,一般建筑面积在100米^{2}以内的大棚使用煤球炉升温,100米^{2}以上的采用热风炉升温,蝎房内侧四周墙壁围贴两层聚氯乙烯膜塑料膜(厚度在0.4毫米左右),蝎房内顶棚用塑料薄膜或尼龙膜吊顶,以提高和保持棚内温度。在彩钢棚顶部的背风面设有排风口,排风口要高出棚顶50厘米,排风口的顶部要装防风帽,进风口一般设在南墙,以便通风换气。棚内设置蝎窝,繁殖母蝎使用杯状蝎窝,其他蝎子使用蛋托垛成的蝎穴。一般垛体高60厘米,通常使用两层蛋托,一层30厘米高,垛体的下面铺上3层砖。这种蝎房不仅投资少、实用,而且保温性能良好,有利于蝎子生长、发育和繁殖,比直接用塑料大棚养殖蝎子更安全(图11-10)。为降低养殖成本,养蝎基本上采用自动化方式,如蝎房内自动控制温度、自动给蝎窝(穴)加水、室内自动通风等,一个人能管理600米^{2}养殖面积。

图 11-10　蛋托蝎穴垛体

二、繁殖与饲养管理

1. 蝎子繁殖

为防止其他蝎子或天敌的干扰和侵袭，造成孕蝎逃跑、流产，对临产孕蝎采取"单居独孕法"饲养，即把临产孕蝎放入特制的类似一次性塑料饮水杯的产窝内进行特别护理（图11-11），杯内放置壤土或黄沙土及一小块湿海绵，并保持海绵湿润，以满足孕蝎饮水需要。这期间绝对不能让孕蝎受到惊吓和天敌侵袭，以免造成孕蝎不安、到处乱窜而引起流产、早产和产死胎。环境要保持稍微阴暗和安静，蝎房内的温度、湿度要适宜，温度一定要控制在30℃以上，尤其是孕蝎产后要特别注意，

图 11-11　一次性塑料饮水杯养孕蝎

以免影响仔蝎的成活率。为了防止孕蝎开食后蚕食仔蝎，使其尽快恢复机体体能，自仔蝎离开母蝎背能够下地觅食之日起，就应该将母蝎与仔蝎分开饲养。

2. 饲养管理

对于蝎子平时的饲养管理，基本上根据蝎龄采取不同的饲养管理方法。一般情况下，使用蛋托垛体养殖的，蝎房内温度控制在35℃即可。投放食物饵料的时间和投喂量可根据蝎子的大小、环境温度的高低来确定。当环境温度在25℃以下时，停止投喂食物饵料。此时如果投喂，容易引起蝎子消化不良，造成蝎子胀肚而死亡；28℃以上开始投喂，一般3~5天喂1次即可；30~32℃时每天喂1次，每次宜喂少量；35~38℃时每天可喂3次，大蝎子喂大虫（黄粉虫），小蝎子喂小虫。在夏季外界高温情况下，使用彩钢瓦温棚养殖蝎子，一般棚内温度不会很高（不会超过40℃），不会影响蝎子正常的生长、繁殖。对于采用塑料大棚养殖蝎子，棚内温度有可能会升到40℃以上，此时可以进行适当的通风换气，棚上设置遮阳网等，以降低室内温度，保证蝎子正常的生长、繁殖活动。

三、经济效益

对于养殖规模较小的人工蝎子养殖场，由于投入大，人力、物力等成本较高，养殖效益不好。必须要实现规模化养殖，采取蝎子、黄粉虫、地鳖虫等综合养殖，提高自动化养殖和管理水平，降低人工成本和饲料成本，通过订单式养殖模式，保证蝎子的销路，才能提高养殖效益。

四、疾病防治

在饲养管理好的情况下，蝎子很少患病，但是要注意防止蝎子的天敌侵袭。工作人员平时进出养蝎房时，一定要注意加强防范，随时关好门，并采取必要的措施防止蚂蚁、老鼠、鸟和蜘蛛等进入养蝎棚内，以减少不必要的损失。

附　　录

附录 A　黄粉虫的饲养技术

黄粉虫，俗称面包虫，原是一种仓储害虫，属鞘翅目、拟步行虫科、粉虫属，经选育和驯养后成为人工的昆虫之一。黄粉虫的幼虫含粗蛋白 51%，含粗脂肪 28.5%，营养价值高。每 2~3 千克饲料即可生产 1 千克幼虫。黄粉虫耐粗饲、易饲养、好管理、繁殖力强、生长发育快，可喂养蝎子、林蛙、鸟类等多种经济动物，是一种十分理想的鲜活动物饵料。

一、生物学习性

1. 生活周期

黄粉虫是完全变态昆虫，一生中要经历卵、幼虫、蛹、成虫 4 个时期（附图 A-1）。

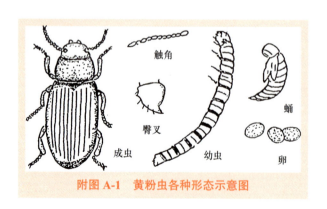

附图 A-1　黄粉虫各种形态示意图

（1）卵　卵为乳白色，呈椭圆形，长约 1~2 毫米，直径为 0.5 毫米。卵外面有卵壳，比较薄，起保护作用。卵里面是卵黄，为白色乳状黏液。黄粉虫的卵在适宜的温度（25~30℃）下，经 5~7 天即孵化出幼虫。

（2）**幼虫**　刚孵出的幼虫很小，长约 3 毫米，乳白色，2 天后开始进食。如果温度在 25~30℃，饲料含水量在 13%~18%，大约 8 天第一次蜕皮，变为 2 龄幼虫，体长增至 5 毫米。以后大约在 35 天内又经过 6 次蜕皮，最后成为 8 龄老熟幼虫，这时幼虫呈黄色，体长增至 25 毫米（附图 A-2）。幼虫每次蜕皮体长都会明显增大。在温度为 25~28℃、空气湿度为 50%~90% 时，8 龄幼虫约 10 天即变成蛹。

附图 A-2　黄粉虫幼虫

（3）**蛹**　幼虫长到 50 天后，开始化蛹。刚变成的蛹为白色半透明状，体较软，长约 16 毫米，头大尾小，两侧呈锯齿状，有棱角，两足（薄翅）向下紧贴胸部，以后逐渐变黄、变硬。蛹常浮在饲料的表面，即使把它放在饲料底下，不久便会爬上来。蛹约 7 天后变成成虫，也就是蛾。

（4）**成虫**　蛹在 25℃以上经过 7 天后蜕皮变为成虫蛾。刚羽化出来的蛾，其头、胸、足为淡棕色，腹部和鞘翅为乳白色，甲壳很薄，虫体稚嫩，很少活动，也不进食。10 多个小时后变为黄褐色或黑褐色，有金属光泽，呈椭圆形，长约 14 毫米，宽约 6 毫米，甲壳变得又厚又硬。之后体色加深，鞘翅变硬、灵活，但不飞走，只能做短距离飞行。翅膀一方面保护身躯，另一方面还有助于爬行，到处觅食。成虫约 5 日后达到性成熟，群体自然雌雄比例为 1∶1，此后即可进行交配产卵而进行第二代繁殖。

2. 生活习性

黄粉虫幼虫及成虫均喜黑暗，多潜伏于饲料表面下。杂食性，喜食各种粮食、油料和粮油加工的副产品，同时也吃多种蔬菜和树叶，耐高密度饲养。黄粉虫可适应的温度为15~30℃，在25~28℃生长较快，低于10℃不食也不生长，超过35℃虫体会死亡。在高密度饲养时，虫群中的温度往往会高于室温5℃以上，所以要注意监测虫群中的实际温度，防止过热。当空气湿度为60%~79%、饲料含水率在15%左右时，群体生长良好。

3. 繁殖习性

黄粉虫具有变温动物的习性，在温室（20~30℃）里一年四季均可生长繁殖，一年可繁殖4代。自然温度下一般一年繁殖一代，老熟幼虫能越冬，成虫不能越冬。清明前后起蛰，5月底、6月初化蛹，6月中旬羽化为成虫，6月底、7月初出现幼虫，8~9月生长，10月中旬冬眠。

一般成虫羽化后4~5天开始交配产卵。交配活动不分白天黑夜，但夜里活动多于白天。每次交配需几个小时，一生中可多次交配、多次产卵，每次产卵6~15粒。每只雌成虫一生可产卵30~350粒，多数雌成虫产卵150~200粒。卵粘于容器底部或饲料上。成虫的寿命一般为3~4个月。

二、培育方式

黄粉虫的培育技术比较简单，根据生产需要可进行大面积的工厂化培育或小型的家庭培育。

1. 工厂化培育

这种生产方式可以大规模生产黄粉虫。工厂化养殖的方式是在室内进行的，饲养室的门窗要装上纱窗，防止敌害进入。房内安排若干排木架（或铁架），每只木（铁）架分3~4层，每层间隔50厘米，每层放置1个饲养槽，槽的大小与木架相适应。饲养槽可用铁皮或木板做成，一般长2米、宽1米、高20厘米。若用木板做槽，其边框内壁要用蜡光纸裱贴，使其光滑，防止黄粉虫爬出。

2. 家庭培育

家庭培育黄粉虫可用面盆、木箱、纸箱、瓦盆等容器，在阳台或床底下养殖。比较理想的饲养设备是四方形木盒。可用木板钉成长 100 厘米、宽 10 厘米、高 50 厘米的四方形木盒，底部用胶合板钉紧，四周用蜡纸裱贴，使盒子内壁光滑，防止虫子外爬。

成虫产卵时，可用长方形的木板箱，底部用铁丝网（筛麦用的）钉紧，成虫产卵时把尾部伸出铁丝网，产到产卵箱。具体方法为：把长 100 毫米、宽 50 毫米、高 10 毫米的方木盒放在底下，上面放上长 80 厘米、宽 40 厘米、高 10 厘米的铁筛子，里面放上产卵的成虫，撒入麸皮、蔬菜叶、瓜果皮等，任成虫自由采食。在撒饲料时，不能超过 1 厘米厚，以免成虫产卵时尾部伸不出铁丝网。当成虫产卵 7 天左右即换产卵箱，产卵箱要单独放，要注意不要使卵受到挤压，以免损坏。当卵孵出幼虫时不必添加饲料，原先产卵箱的麸皮足够幼虫吃。随着幼虫逐渐长大，应根据实际情况及时添加饲料，定期筛虫粪。

三、饲养方法

1. 对饲料的要求

黄粉虫吃的饲料来源广泛，在人工饲养中，为了尽快生产黄粉虫，应投麦麸、玉米面、豆饼、胡萝卜、蔬菜叶、瓜果皮等。也可喂鸡的配合饲料，以增加营养，但必须要有 60% 的麦麸。一般黄粉虫的配合饲料配比为：麦麸 80%，玉米面 10%，花生饼粉 10%。各种饲料搭配适当，不仅有利于黄粉虫的生长发育，而且节省饲料。

2. 对温度的要求

黄粉虫较耐寒，越冬老熟幼虫可耐受 $-2℃$，而低龄幼虫在 $0℃$ 左右即大批死亡，$2℃$ 是它的生存界限，$10℃$ 是发育起点，$8℃$ 以下进行冬眠，$25\sim30℃$ 是适温范围，虽然低龄幼虫在 $32℃$ 时生长发育最快，但若长期处于高温环境中容易得病，超过 $32℃$ 会被热死。以上温度是指虫体内部温度。在高密度饲养时，群中温度往往会高于室温 $5\sim10℃$，如 4 龄以上幼虫，当气温在 $26℃$、饲料含水量在 $15\%\sim18\%$ 时，群体内部温度会高出周围环境 $10℃$，也就是气温 $26℃$ 时，群体内部温度达到 $36℃$，此时应及时降温，防止超过 $38℃$，特别是在炎热的夏季更应注意。

3. 对湿度的要求

黄粉虫耐干旱，能在含水量低于 10% 的饲料中生存。在干燥的环境中生长发育慢，虫体减轻，浪费大量饲料。理想的饲料含水量为 15%，

湿度为 50%~80%。如饲料含水量超过 18%、空气湿度超过 85%，生长发育减慢，而且易生病，尤其成虫最易生病。如养殖室内过于干燥，可洒清水，当湿度过大时要及时通风。黄粉虫虫体含水量为 48%~50%。

4. 对光线的要求

黄粉虫原是仓储害虫，生性怕光，但好动，而且昼夜都在活动，说明不需要阳光，雌性成虫在光线较暗的地方比强光下产卵多。

5. 饲养中应注意的几个要点

饲养方法的好坏，直接影响黄粉虫的成活率和生长速度，在养殖过程中必须注意以下几点。

1）卵的孵化、幼虫、蛹、成虫要分开，不能混养。混养的缺点是不便同时投喂饲料，而且幼虫和成虫在觅食时容易吃掉蛹和卵。

2）蛹虽然不吃不动，但应放在通风良好、干燥的地方。饲养室不能封闭和过湿，以免蛹腐烂。老熟幼虫变蛹时，要及时把蛹捡出，单独放在盒子里，以免被未变蛹的幼虫吃掉。捡蛹时，用力要小，以免把蛹捏坏。

3）同龄的幼虫要放在一起饲养，这样虫子大小均匀，投食也方便，如生长旺盛的幼虫需补充营养物，老熟幼虫则不需要。不同季节要有不同的管理方法，如炎热的高温天气，幼虫生长旺盛，虫体内需要足够的水分，必须通过投喂蔬菜叶、瓜果皮等来补充水分；如温度过高，要及时通风降温；冬季里虫体含水量小，必须减少青饲料的投喂量。

4）放养的密度要适宜。幼虫的密度过小，生长发育减慢；密度可适当大一些，生长发育加快，但不能超过 2~3 厘米厚。

四、黄粉虫的利用

黄粉虫除留做种用外，无论幼虫、蛹还是成虫，均可作为饲喂蝎子的活饵料和干饲料。幼虫从孵出到化蛹约 3 个月，这期间黄粉虫的个体长度从几毫米长到 30 毫米，均可直接投喂蝎子。生产过剩的可以烘干保存，作为干饲料。

附录 B 黑粉虫的饲养技术

黑粉虫，又称伪步行虫、大黑粉虫，属于鞘翅目拟步行科昆虫，全身颜色呈黑褐色，主要危害潮湿粮食、油料、谷粉、羽毛、干鱼、干肉等,并能食虫尸、鼠粪等。据有关专家化验分析,黑粉虫的氨基酸和微量元素的含量较为全面,特别是胱氨酸的含量是黄粉虫的15.6倍,这是其他食物所不能比的,而胱氨酸是蝎子蜕皮所不可缺少的营养物质。

一、生物学习性

1. 生活周期

黑粉虫为完全变态昆虫,一生中要经历卵、幼虫、蛹、成虫4个时期。

(1) **卵** 黑粉虫的卵很小,长约0.1厘米,其表面常沾一层虫粪或饲料碎屑,在适宜温度下7~15天孵化为幼虫。

(2) **幼虫** 幼虫的初期为土黄色,后期为黑褐色,圆筒状。成年幼虫体长为2.5~3.5厘米,每千克约有4500条。幼虫期较长,需180天左右(附图B-1)。

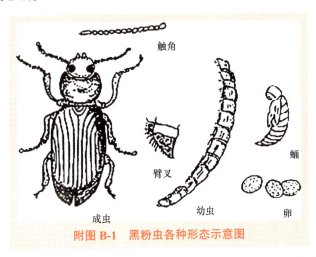

附图B-1 黑粉虫各种形态示意图

(3) **蛹** 蛹在适宜温度下7天羽化为成虫。幼虫的生存温度为0~35℃,适宜温度为25~30℃,高于35℃时应降温。

(4) **成虫** 黑粉虫的成虫体型稍大于黄粉虫。羽化的成虫为乳白色,头部为橘红色,以后变为暗黑色,鞘翅上无金属光泽(附图B-2)。触角末节长度小于宽度,第3节长度大于或等于第1节和第2节长度之和,其他形态与黄粉虫相同。成虫期为90天左右。

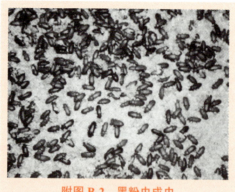

附图 B-2　黑粉虫成虫

2. 生活习性

黑粉虫不耐干燥，喜欢生活在空气相对湿度为 60%~70% 的地方。野生黑粉虫的幼虫和成虫白天大多隐藏在室内外的垃圾或粪堆里，只有夜间才爬到表面觅食。黑粉虫的成虫虽然不善飞行，但爬行迅速，一有动静就会马上钻到物体的深处。收集黑粉虫的时间宜选在每年的 5~8 月。

3. 繁殖习性

黑粉虫在每年的 4 月下旬至 9 月上旬，平均温度为 25℃时才能正常觅食繁殖，发育繁殖周期需要 200 天以上。幼虫需要在 90 多天内完成 14 次蜕皮才能化蛹，蛹经 15 天左右羽化为成虫。羽化后的成虫，4~5 天开始交配产卵。成虫交配活动不分昼夜，每次交配需数小时，一生中可多次交配、多次产卵。一只雌虫每次可产卵 6~15 粒，每只雌虫一生可产卵 30~350 粒，在适宜的温度、湿度条件下，卵再经过 15 天孵化成幼虫。

4. 食物习惯

黑粉虫属于杂食性昆虫，食性非常复杂，喜欢吃各种潮湿的粮食、油料、粮油加工的副产品以及各种枯枝落叶，但以豆科植物的叶、桑叶、梧桐叶为最爱，另外也取食各种死亡腐烂的虫体。

二、培育方式

1. 室外采集

野生黑粉虫的幼虫和成虫白天大多隐藏在室内外的垃圾或粪堆里，

只有夜间才爬到垃圾、粪便表面觅食。一般在每年的 5~8 月进行采集，采集回来后进行繁殖。

另外，黑粉虫的遗传性不稳定，饲养两年以上有退化现象，有部分变异。因此，选种时要挑拣一些颜色较黑的活泼健壮的个体做种虫。

2. 饲养箱培育

人工养殖黑粉虫多根据虫体的不同阶段采取相应的饲养箱养殖。

（1）幼虫和蛹　一般采用木箱作为饲养箱，规格为长 60 厘米、宽 40 厘米、高 13 厘米。在饲养箱内放入 3~5 倍于虫重的混合饲料，然后将幼虫放入，再盖以各种菜、树叶，待饲料吃光后将虫粪筛出，再放入新的饲料。蛹用饲养箱与幼虫饲养箱相同，在饲养箱内撒上麦麸（2 厘米厚），盖上适量菜叶，然后将蛹放入待羽化。蛹期较短，温度在 0~10℃时，15~20 天可羽化为成虫；25~30℃时，6~8 天即可羽化为成虫。蛹要放在通风保温的环境中，不能过湿，以免蛹发生腐烂。

（2）成虫　成虫产卵箱的规格与幼虫饲养箱相同，只是箱底镶以铁丝网，网的空洞大小以成虫不能钻入为度。箱的内侧四边镶以白铁皮或玻璃，以防止成虫逃跑。在铁丝网下垫一张报纸或一块木板，再撒 1 厘米厚的混合饲料，盖一层菜叶保湿，最后将孵化的成虫放入，准备产卵。每隔 7 天将产卵箱底下的木板或报纸连同麦麸一起抽出，放入幼虫饲养箱内待孵化。

三、饲养方法

1. 对饲料的要求

黑粉虫对各种食物的利用率有所差异，在人工养殖时，主要以玉米和土面粉为主，且消化率较高，占 70% 以上；而对含粗纤维较多的麦麸、花生饼则消化率很低，占 30% 左右。饲料配方为：麦麸占 70%，玉米面占 15%，饼类占 15%。然而黑粉虫的增长效率并不与消化率成正比，增长率的高低主要取决于食物中蛋白质的含量。为了使黑粉虫增长率提高且成本低廉，一般喂混合饲料最为理想。另外，黑粉虫不耐干燥，应在其栖息场所投喂 10~20 厘米厚的青菜叶、桑叶、槐叶、梧桐叶或瓜果皮等，以补充水分。

2. 对温度的要求

黑粉虫在每年的 4 月下旬至 9 月上旬，平均温度达到 25℃时才能

正常觅食繁殖，发育繁殖周期需要 200 天以上。黑粉虫为恒温动物，虫体温度比外界温度高 10℃，因此，黑粉虫的最佳饲养温度应控制在 25~30℃，温度过高容易死亡，温度过低生长缓慢。

3. 对湿度的要求

在人工恒温养殖时，控制好湿度最为关键，湿度的高低直接影响黑粉虫的繁殖速度和数量。黑粉虫不耐干燥，对湿度的要求比较严格，喜欢生活在空气相对湿度为 60%~75% 的地方。

4. 成虫的饲养管理

羽化后的成虫，4~5 天开始交配产卵。在体色变成黑褐色后，就要迁到产卵箱中饲养。产卵箱可套入孵化箱及生长箱。在产卵箱内撒一层厚约 1 厘米的饲料，再放一层鲜菜叶，成虫则分散隐藏在叶片底下，钻到饲料与铁丝网之间的底部，伸出产卵器，穿过网丝孔，将卵产到网下。人工饲养就是利用成虫向下产卵的习性，用网将成虫和卵隔开，杜绝成虫食卵，因此，网上的饲料不可太厚，否则成虫也会将卵产到网上的饲料中。投放的菜叶主要用来提供水分和增加维生素，也有利于保持湿度。但要注意随吃随放，不可过量，以免湿度过大，菜叶腐烂变质。

附录 C　蚯蚓的饲养技术

蚯蚓又名地龙，俗称曲蟮，属环节动物门、寡毛纲。目前人工养殖的主要品种有参环毛蚓、背暗异唇蚓、赤子爱胜蚓等。无论是鲜蚯蚓还是干蚯蚓，均含有丰富的蛋白质、20 多种氨基酸和多种微量元素、维生素，是蝎子最喜食的活体食物之一，也是目前为止养殖界公认的最富营养的高蛋白动物性饲料。

一、生物学习性

1. 形态特征

蚯蚓由许多相似的体节组成，节与节之间有一深沟，称节间沟。在体节上又有较浅而细的沟，称体环（附图 C-1）。蚯蚓身体无骨骼，体表覆盖一层有色素的几丁质层，除身体前两节外，其余体节均有刚毛。蚯蚓的形态为细长圆柱形，头尾稍尖，长短粗细随种类不同而变化很大。

赤子爱胜蚓商品名北星2号、太平2号，其特征为体长35~130毫米，体宽3~5毫米，体节80~110个，身体为圆柱形，体色一般为紫色、红褐色或淡红褐色，背部色素较少，节间有黄褐色交替带。

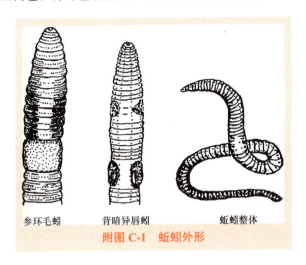

参环毛蚓　　背暗异唇蚓　　蚯蚓整体

附图 C-1　蚯蚓外形

2. 生活习性

蚯蚓属腐食性动物，怕光（尤其怕蓝色光）、怕震动、怕高温严寒，喜欢栖息在温暖、潮湿、通气、富含大量有机质的表层土壤里，在一般的耕地、红壤中难以见到。蚯蚓正常活动的温度为5~35℃，生长适宜温度为18~25℃，蚓床基料适宜含水量为30%~50%（用手轻捏粪料，若指缝间有水滴流出，则其含水量为40%左右），适宜的pH为6~8。

3. 繁殖习性

蚯蚓属雌雄同体，但须异体交配才能繁殖。性成熟的蚯蚓（即出现生育环）在交配一周后各自产卵，但产卵频率与湿度、温度等有很大关系。当温度为18~25℃、湿度为30%~50%，且通风条件好时，一般3~5天就产卵1粒；当温度高于35℃或低于13℃时，产卵数量明显减少。卵孵化的适宜温度为18~25℃，此时孵化时间短（20天左右），孵化率高。每个卵内一般有幼蚓2~4条，少的有1条，多的有5~6条。刚孵出的幼蚓细白如线，生长40~50天后达到性成熟。蚯蚓生长8个月左右达到繁殖的高峰期，1~1.5年后开始衰老死亡。

二、培育方式

按养殖床所在环境,分为室外饲养和室内饲养两种。

1. 室外饲养

(1) **田间饲养** 在春天选择能常年青绿的饲料地、菜地、玉米地、桑园地和果园等,在行距间开沟(深 30 厘米、宽 25 厘米),长度灵活掌握,投入饵料,放入种蚓饲养。这样,以作物为棚,可防雨、防晒;作物的落叶、腐根可供蚯蚓食用;蚯蚓又为作物疏松了土壤,提供了肥料,实现蚯蚓、作物双丰收。为防止蚯蚓逃跑,可将作物地分为 2 米宽的畦子,畦四周开挖蓄水、排水两用沟,平时蓄水,下雨时又能排放畦内积水。此法既不需另外划定饲养地,又有利于作物生长。

(2) **边角地饲养** 利用场边、岸边、路边、房前屋后等边角地挖筑成深 0.6 米的长方形坑池,内壁围一圈塑料薄膜,防止蚯蚓逃跑。坑内填 28~30 厘米厚的土,然后放置饵料,放入种蚓饲养。夏季上面搭棚或加盖,也可种上向日葵或丝瓜代替棚或盖,要适时喷水降温、保湿和补充饵料。

(3) **塑料棚(或土温床)饲养** 用金属棚架和塑料薄膜搭成大型窝棚养殖蚯蚓。棚内建造通风和暖气设备,可常年饲养。棚内地面还可种植聚合草、红薯、蚕豆等。这种方法适于大规模饲养和工厂化养殖。

(4) **粪土饲养** 把肥土和粪草按 1∶1 的比例均匀地混合起来,堆放在水泥或三合土地面上(堆长 3~10 米、宽 1~1.5 米、高 0.5 米),经发酵、翻粪降温后,放入种蚓(每 $米^3$ 放 500~2000 条)。上面搭覆盖物避光或在树荫、葡萄架、瓜篓架下堆放。

(5) **栏池饲养** 用红砖砌成长 50 厘米、宽 50 厘米、高 15 厘米的池,填土后加入饵料。池周围插上篱笆,形成锥形;池内外壁不抹水泥或石灰,以保持通气;池底可用水泥地板,也可用泥地面,但要夯实铲平。每个池的四角底部留一个小口,以渗出过多的水分。洞口要用塑料网或铁丝网盖住,以防蚯蚓外逃或其他有害的动物进入。如果投入的蚯蚓量不大,可把池分隔成若干个小池,这样不仅便于饲养管理,而且还可以提高单位面积的产量。

室内建池饲养可以选择旧猪房、鸡舍,其室内必须保持阴暗和潮湿,光线不宜过强,但要通风良好,以免影响蚯蚓的生长繁殖。

2. 室内饲养

（1）缸、盆饲养　清洗合适的容器，然后放入浸湿的草料（占容器深 1/5），再投放蚯蚓，加盖果皮、菜叶等（占容器深 1/5），覆盖草料（占容器深 2/5），封盖肥土。一般深 60 厘米、直径 40 厘米的容器可放蚯蚓 80~100 条。此方法适于家庭少量饲养。

（2）槽式饲养　在室内地面中间留走道，两侧用水泥筑成弯月形地面，在水泥地面上建立养殖槽，并挖排水沟。一般槽长 6 米、宽 1.5 米、高 0.4 米，槽内放入饵料，进行平养。

（3）箱筐饲养　这是最常用的饲养方法之一。箱筐的制作材料可以是木材，也可以是竹、荆条、藤条、塑料等，饲养箱长、宽、高的规格有下列几种：60 厘米 × 30 厘米 × 20 厘米、60 厘米 × 40 厘米 × 20 厘米、60 厘米 × 50 厘米 × 20 厘米、60 厘米 × 50 厘米 × 25 厘米。每个箱筐的底部和侧面要有排水和通气小孔，孔的直径为 0.7~1.2 厘米，这样既可通气排水，蚯蚓又不会爬走。整个箱的小孔面积可占箱底或箱侧面积的 20%~30%。两侧还要有对称的拉手把柄，便于手提操作。箱内饲料的堆放高度约为 16 厘米，装料太多，易使箱内通气不良；装料太少，饲料容易干燥，影响蚯蚓的生长繁殖。每箱蚯蚓的投放量为 5000~10000 条（附图 C-2）。

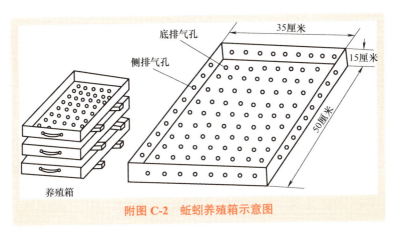

附图 C-2　蚯蚓养殖箱示意图

（4）多层饲养　饲养规模较大时，在饲养室靠近墙两侧安制铁架、木架或水泥架等养殖床，两侧床架之间留走道，一般床架宽 1 米、高 2.5 米。可将养殖箱层叠放在床架上。每层高 0.5 米，养殖箱高 0.3 米，成为立体箱式饲养，但不能叠得太高，一般以 4~5 层为宜。立体养殖时，为保证通气良好，箱堆间留 5 厘米的缝隙。

这种饲养方法占地面积少，使用人力少，管理也方便，生产效率较高。但是，木制、竹制的箱筐容易受湿腐烂，故有条件的地方最好用塑料来制作，这样的箱筐耐用且规格一致，有利于提高饲养效果。

三、饲养方法

1. 饵料的加工

蚯蚓饵料资源丰富，凡无毒的天然有机质经发酵腐熟后均可作为饵料，如造纸厂、酿酒厂、糖果食品厂、木材厂和肉类加工厂的废渣、污泥、木屑，各种畜禽粪便，废弃的瓜、菜、果皮，居民点的生活垃圾等。最理想的饵料是牛粪加土，其次是加工的稻草。投放饵料之前，必须先将这些基料堆制发酵，每隔 7 天翻一次堆，连续翻 2~3 次，使土堆里的有机质充分腐化分解，最后摊开排气。腐熟的饵料为棕色或褐色，无酸臭味，质地软，不粘手。

2. 饵料的投法

可采用料土分层投放的方法，如下层放土、上层放料，也可采用点、线结合的投放法。原则是料土相间，使蚯蚓采食后能回到肥土中栖息，以促进其生长发育。当旧饵料上层出现大量蚯蚓粪时，就应补料。补料一般都采用上投法，即除去蚯蚓粪后，在原饵料上覆盖同样厚度的新饵料。此外，还有下投法，即将新鲜饵料铺在养殖床上，再将清粪后的原饵料放在新鲜饵料上面。侧投法则是在原养殖床两侧平行放置新养殖床，诱使蚯蚓进入新床。无论采取何种方法，应本着有利于蚯蚓生长发育、经济省工的原则，根据养殖方式灵活掌握。

3. 试养

无论采取何种养殖方式，选用哪种饵料配方，在正式放养种蚓之前，都必须进行试养。试养时可在养殖床内用适量配制好的饵料，放入少量种蚓。注意观察蚓体变化情况及蚯蚓有无外逃行为，并检验蚯蚓对该种饵料的适应性。试养成功后就正式放种养殖。否则，应针对出现的问题，采取相应的改进措施，再进行试养，直到成功为止。

4. 适时分群扩繁

蚯蚓饲养密度过大时，不仅繁殖与生长速度下降，还会引起蚯蚓的外逃和死亡。因此，适时进行大小蚯蚓的分群饲养和扩繁是十分必要的。为了确保蚯蚓的丰收，最好将其分为种子群、繁殖群和生产群进行饲养。分群扩繁一般与补料、除粪结合进行。扩繁面积小时，可把一部分成蚓捉到新床内。扩繁面积大时，可把旧床饵料和蚯蚓分几次放到新床内；也可用诱蚓法把蚯蚓引渡到新床内；还可将采集成蚓后所剩余的有大量蚓卵的旧料放入新床，进行孵化扩繁。

5. 越冬管理

蚯蚓越冬的关键是保温，料温保持在 9~20℃，蚯蚓可进行冬季繁殖。室内保温可用电、煤、沼气及堆积畜粪发酵热等增温。冬养饵料要增加粪料比例和饵料厚度，提高床温，有利于蚯蚓越冬。

6. 繁殖留种

首先要选择良种蚯蚓来繁殖，在其种子群中进行留种。由于人工长期养殖某种蚯蚓会产生退化现象，因此，要加强选种选配。应选择个体粗长、有光泽、食量大、活动力强而且灵敏的蚯蚓，单独饲养繁殖。有条件的地方可用杂交的方式来培育具有杂种优势的后代，并通过人工选择不断提高质量、促进生产。

四、蚯蚓的收取及应用

1. 蚯蚓的收取

当饲养床内的蚯蚓密度很大，且大部分蚯蚓到了性成熟阶段，体重已达到高峰期，这便是采收的最佳时期，应及时进行收取。

（1）**早取法** 根据蚯蚓夜行的特性，可在每晚 21：00 至次日天明捕捉，尤以早晨 3：00~4：00 收取效果最好。

（2）**光取法** 用强光（太阳光或人工光源）照射饵料床面并在表面敲击几下，不用多久，蚯蚓就会钻入饵料底部并聚集成团。这样就可以在分层除去粪料的同时收取蚯蚓。

（3）**诱取法** 用开着许多细孔（直径 1~4 毫米）的容器，里面装上蚯蚓爱吃的饵料（果、菜的下脚料），将容器埋入饲养床饵料中，蚯蚓便被诱入容器内，几天后取容器即可。

（4）**网筛分离收取法** 用一只空木箱，放上孔径不等的两层筛网（上粗下细），把含有蚯蚓的饵料放在筛网上，然后用强光和热处理驱使蚯蚓往下钻，可使大小蚯蚓和饵料分离，以便收取和分级饲养。

(5) 逼驱法 设置逼驱床,将含蚯蚓的饵料呈条状堆放在床中间,停止给其洒水;两侧堆放少量湿度适宜的新饵料,迫使蚯蚓向新饵料集中,便可进行收取。此外,还可用水取法、药用法等。

(6) 翻新采收法 对箱养的蚯蚓,可将其放于强光下片刻。蚯蚓因怕光而钻入底层,然后将腐殖土翻转扣出,使蚯蚓暴露于外,便可采收。

2. 蚯蚓的应用及应注意的问题

1)用蚯蚓喂蝎子时,以生喂效果最好。

2)用蚯蚓喂蝎子时,要当天收集洗净后当天喂完。否则,蚓体蛋白质会腐败变质。

3)用蚯蚓喂蝎子时,注意饲喂量,喂量由最小量逐渐增加至常量,喂量不可过大,否则,会引起蝎子中毒。给蝎子饲喂蚯蚓时,不可时断时续,要坚持,否则效果不好。

附录 D　地鳖虫的饲养技术

地鳖虫俗称土鳖虫,药名土元,隶属于节肢动物门、昆虫纲、蜚蠊目、鳖蠊廉科、地鳖属,是一种软体、外形似鳖的爬行昆虫。我国大部分地区均有分布,现在已进行人工养殖。地鳖虫除了具有药用价值外,也是养蝎的很好饲料,多将地鳖虫粉碎后拌入蝎子饲料中饲喂。

一、生物学习性

1. 生活周期

不同的地鳖虫种类各有其特征。这里主要介绍中华地鳖虫的形态特征。中华地鳖虫是一种不完全变态昆虫,完成一个世代经过卵、若虫和成虫3个发育阶段。

(1) 卵 卵位于卵鞘内。卵鞘饱满,呈深红色,形状似豆荚,一侧边缘有锯齿形钝刺,卵鞘长1.2~1.5厘米、宽0.3~0.7厘米。每个卵鞘内有排列双行的卵粒,少则2粒,多则20~30粒(附图D-1)。

(2) 若虫 初孵若虫乳白色,身体似盾形。随着生长发育的阶段变化,体色变为黑褐色带有光泽,身体变成椭圆形。

(3) 成虫 地鳖虫雌雄异形,雄虫有翅,雌虫无翅,体呈扁平圆形,体长3~3.5厘米,体宽1.7~2.0厘米。虫体边缘较薄,背部稍有隆起，体黑色有光泽，腹面为棕褐色有光泽。头部紧缩于前胸，口器为咀嚼式，大颚坚硬，触角纤细呈丝状，易脱落。复眼发达，呈肾形，位于触角外侧，两复眼之间的上方有 2 个单眼。胸部由 3 节组成，前胸背板呈三角形，中后胸的背板较窄。腹部有横纹环 9 节，呈覆瓦状排列，其中第八节、第九节缩于第七节之内。肛上板扁平近似长方形，中央有一小切口，胸部 3 对足较发达，基节粗壮位于胸部腹面，具有细毛，多刺，跗节 5 节，末端有爪 1 对。腹部末端有尾须 1 对。雄虫体色为淡黑褐色，长 2.5~3.0 厘米、宽 1.0~1.5 厘米，虫体一般小于雌虫。前胸呈波状纹，腹部长有两对翅膀，前翅革质，后翅膜质，平时折叠藏于前翅下，腹部末端有尾须 1 对，其下方有 2 个较短的腹刺。

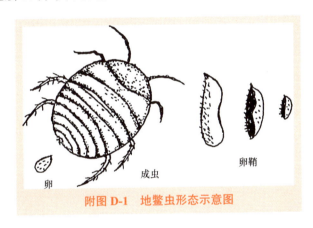

附图 D-1　地鳖虫形态示意图

2. 生活习性

在自然环境条件下，地鳖虫喜欢栖息于粮食仓库、粮食加工厂、鸡舍、牛棚、灶间、柴草堆、磨坊等阴暗潮湿、有机质丰富、偏碱性的疏松土层中。白天潜入松土中，夜间出来活动、觅食、交尾，具有明显的背光性。每天觅食时间在 19：00~24：00，其中以 20：00~23：00 最活跃，之后就很少活动，大多回原地栖息。地鳖虫夜晚出来活动一般不单独行动，喜群居。

地鳖虫具有耐寒、耐热、耐饥和抗病性强的特点，无自卫能力，善于以假死来逃避敌害。雄虫长翅后能短距离飞行。地鳖虫生命活动的最适宜温度为 15~30℃，当温度低于 10℃时，便潜伏在土中冬眠；当温度低于 0℃时，往往处于僵硬状态直至死亡。当温度高于 35℃，摄食减少，感到不安，四处走动，生长缓慢；当温度高于37℃，体内水分蒸发加大，脱水后干萎而死亡。人工饲养时，饲养土（池土）含水量保持在25%~30%，湿度保持在70%~80%为宜。

地鳖虫是杂食性昆虫，食物多样，常见的有各种蔬菜的叶片、根、茎及花朵，豆类、瓜类等的嫩芽、果实，杂草中的嫩叶和种子，米、面、麸皮、谷糠等干鲜品，家畜、家禽碎骨肉的残渣，以及昆虫等。食物不足时会相互蚕食。

3. 繁殖习性

地鳖虫雄虫从若虫到长出翅膀约需8个月。雌虫无翅，成熟需9~11个月。雌虫、雄虫成熟后，雌虫会释放出一种引诱物质，引诱雄虫交尾。交尾时间一般在傍晚天暗时进行。雄虫交尾后5~7天就死亡。雌虫交尾后1周即可产卵，且一次交尾后终生产卵。6~10月为交尾盛期。产卵从4月下旬至11月下旬，7~10月是盛期。产卵时，阴道副性腺分泌的胶状液把卵粒粘在一起，形成卵鞘，棕褐色，肾形或荚果形，长约0.5厘米，过1~2天卵鞘才脱落下来。饲养的室温度保持在25~30℃，温度高，孵化时间短；温度低，孵化时间长。如在25℃条件下，卵的孵化期一般为50~60天；在30℃条件下，卵的孵化期为35~50天。

地鳖虫自卵鞘孵化后，经过多次蜕皮至羽化前称为若虫期。若虫蜕皮1次便增加1个龄期。雌虫在若虫期要蜕皮10~11次，雄虫蜕皮约8次，平均20~40天蜕皮1次，经过最后1次蜕皮便变为成虫。从成虫至衰老死亡的这段时间称为成虫期。雌虫寿命为2~3年，雄虫寿命一般为7~30天或略长一点。

二、培育方式

人工饲养的方式有缸养、池养、棚式饲养、立体式饲养等。

1. 缸养

缸养适合初养者、小规模饲养用，也可用于卵鞘孵化和种虫饲养。一般可选取瓦缸或水缸等，缸的内壁越光滑越好，以防地鳖虫爬出。缸口直径为75厘米左右，缸深50~75厘米。将缸放入室内，埋入地下一半，可保温。缸底铺上10厘米厚的含30%水分的温砂土（砂泥比例为2:1），然后在砂土上铺20厘米左右厚的饲养土（湿度为20%左右）。为了缸内保温保湿，缸口要加盖，并留有能通气的孔洞。在周围地面上撒些石灰或其他消毒粉，以防鼠、蚂蚁等敌害侵入。

2. 池养

在室内用砖筑成大小不等的长方形池来孵化卵鞘、饲养若虫和成虫，适于较大规模饲养。建造饲养池的房子可选择地势较高、阴暗潮湿、通风的旧房，如旧的猪舍、牛舍等。在平整的水泥地面用砖砌成单行或双行的长方形池，双行的中间间隔 0.5 米，池长 2 米、宽 1 米、高 50~60 厘米。池内可用薄水泥板或玻璃板再分成若干个小格子，按成虫和若虫的不同龄期分格饲养。饲养池的内壁要用水泥或石灰抹平，防止地鳖虫外逃，池上面加盖，并留下通风孔。饲养前在池底铺上 5 厘米左右厚的砂泥土，然后在上面再铺上 20~25 厘米厚的湿度为 20% 的饲养土，即可放养各种规格的若虫和成虫。

3. 棚式饲养

选择地势较高的地面挖个坑，坑宽 60~80 厘米、深 25~30 厘米，长度视需要而定。坑四周用砖砌成矮棚，前墙高 10~15 厘米，后墙高 80 厘米左右，墙的四周有蚁沟，墙的北面设有挡风墙或挡风帘，高 1 米左右。棚的顶部装有可以活动的玻璃或塑料薄膜天窗，棚的两侧设有通风口，棚内分成若干个坑，用于饲养成虫和若虫，也可用于孵化卵鞘。冬季的夜晚，天窗上应遮厚草帘或棉帘，以便保温；夏季的白天，需用竹帘或草帘遮盖，并把天窗打开一些，以便空气流通，达到降温的目的。

4. 立体式饲养

这种饲养方式适合大规模流水线饲养。特别是对于房舍不足的饲养者，可解决饲养量大、资金少的困难。在房舍内选靠墙壁处修多层饲养台，其长度可根据房舍内所利用的墙壁长度灵活掌握，高度以 2 米左右为宜，层板最好用水泥板，宽度为 50~100 厘米。池壁用砖砌，并用水泥粉刷光滑。每层高度为 30 厘米，可砌成 6~8 层。每层再分若干小格，每个小格前面装有能开、关和通风的活动门，内底板铺上饲养土即可饲养。

三、饲养用具及饲养土质

1. 饲养用具

（1）料盘 料盘可用纤维板、塑料板、镀锌铁皮制作或用厚塑料布代替，规格分为大（30 厘米 × 18 厘米）、中（20 厘米 × 12 厘米）、小（15 厘米 × 8 厘米）3 种，分别用于饲养老龄若虫和成虫、中龄若虫和

3~4龄若虫。料盘四周设置0.5~1厘米高的围沿，防止饲料滑出。围沿设置一定的坡度，方便地鳖虫出入。一般1米²饲养面积需4~8个料盘。

(2) 虫筛 为便于地鳖虫分龄分池饲养、采收以及筛选窝泥、卵鞘，需常备几种规格的筛子。2目筛：收集成虫；4目筛：收集老龄若虫；3目筛：筛取卵鞘，筛下窝泥、幼虫、虫粪；12目筛：筛取1~2龄若虫；17目筛：筛取刚孵化的幼虫，筛下粉螨、细泥等。要求网口均匀、光滑，筛动时阻力小，特别对低龄若虫要细致操作，避免造成地鳖虫伤亡。

2. 饲养土

地鳖虫喜欢在土中活动生息，饲养土必不可少，而且土质也非常重要。饲养土要求疏松透气、腐殖质丰富、颗粒适中、含水量适宜（15%~25%）。可采用冬季冻酥的菜园土、垃圾土、沟泥、灶脚土、树下多年落叶腐泥或沙黏混合土，同时可掺入（20%~30%）经发酵过的鸡粪、猪粪、马粪、牛粪、柴灶灰或砻糠灰等。配制好的饲养土在使用前要经过阳光暴晒或开水消毒，大量使用可用溴乙熏蒸消毒、灭菌、逐虫，并过筛，去除杂质、石块、瓦砾等，喷水拌湿后使用。饲养土的含水量为：1~4龄18%~20%，5龄以上16%~18%，卵鞘保存和孵化时宜在18%左右。窝泥忌用刚施过氮肥和农药的土壤，以免引起中毒或影响地鳖虫的生长、发育和繁殖。窝泥的厚度也随虫龄和季节的不同而有所差别。一般幼龄若虫池窝泥的厚度为6厘米左右，中龄若虫池为6~12厘米，老龄若虫池为12~15厘米，成虫池为15~18厘米。夏天可薄些，冬天可厚些，并可加盖稻草或砻糠灰，以利于保温越冬。

四、饲养方法

1. 饲料

地鳖虫的饲料种类广泛，大致可分为3类：一是精料，主要有麦麸、米糠、菜籽饼粉、棉仁饼粉、豆腐渣等，可生喂，炒香更佳；二是青料，主要包括各种瓜果、蔬菜、树叶等，如甘薯、芋艿、茭白、梨、桃、柿、甘薯藤等，块根和球茎以切丝为好，要求新鲜清洁，并注意营养价值和适口性；三是动物性饲料，如鱼粉、肉骨粉及其他动物性蛋白质饲料、下脚料等。饲喂时，要进行科学的搭配，既要注重营养丰富、全面和适口性好，又要注意饲料成本低、饲料来源广和本地容易解决的问题。一般应以糠、麸、蔬菜、瓜果类为主,适当搭配动物性饲料及矿物质。为防止疾病的发生,可在饲料中加入 1%~5% 的抗菌中草药粉或少量土霉素粉等。

2. 分级饲养

地鳖虫非常耐饥饿。在湿润的坑泥中,一个月不给食也不会饿死。平时并不是每天吃食,而是隔几天觅食一次,分批出来觅食。所以,饲喂时要依据不同虫龄、不同季节与不同的发育阶段,灵活掌握喂食方法。最好是分级饲养,即把虫龄相近、体重大小差别不大的地鳖虫放在一起。这样不但可以满足不同虫龄的地鳖虫的营养需要,防止或减少大小虫龄的地鳖虫互相残杀,而且便于管理和采收。

一般将地鳖虫分为 4 个级别进行饲养管理,即幼龄若虫、中龄若虫、老龄若虫和成虫。但是区别虫龄比较困难,一般可以根据虫体大小和形状来分级,如芝麻型,孵后 1~2 个月;黄豆型,发育 3~4 个月;蚕豆型,发育 5~6 个月;拇指型,即成虫。

(1) **幼龄若虫的饲养** 幼龄若虫指 1~3 龄若虫,此时的虫体大小形似芝麻。刚孵出时色白,蜕了 2 次皮后呈浅黄褐色,幼龄若虫期约 2 个月。幼龄若虫体小,活动、觅食、消化能力弱,多在饲养土表层觅食,宜以精饲料为主。饲喂时,将饲料撒在表层干土上,边缘多撒些,撒后用手将饲料掺入土中。饲养土要求细、肥、疏松,同时注意避光遮阴和保温保湿。

(2) **中龄若虫的饲养** 中龄若虫指 4~7 龄若虫,生长 3 个月左右。经 2 次蜕皮后变成形似绿豆大小的若虫,经过 3 个月左右则形似黄豆大小。中龄若虫明显长大,活动能力逐渐增强,食量和抗逆能力逐渐增加,栖息在表层的 3 厘米左右的地方,下深至 6 厘米左右,由土表层开始出土觅食。饲料种类宜丰富多样,蛋白质含量不少于 15%,并适当多增加一些青饲料。将饲料放在饲料板或浅盘上,饲喂后应及时将饲料板或盘清洗、晒干,保持清洁。中龄以上若虫都是出土觅食,可在饲养土表层覆盖一层 3 厘米厚的稻壳或锯末,这样虫体出土后身上无泥,能避免饲料污染、浪费。

(3) **老龄若虫的饲养** 老龄若虫指 8~11 龄的若虫。黄豆大小的中龄若虫经过 3~5 个月的饲养便可长到蚕豆大小。其饲养方法基本与中龄若虫一样,但由于老龄若虫将变为成虫开始繁殖,因此,需适当增加饲料中精料和动物性饲料的比例，蛋白质含量不低于17%。由于虫量大，排泄物多，高温高湿季节容易发霉而产生病害，所以应在每次蜕皮后刮除表层虫粪污物，更换新土。

当老龄若虫进入9龄时，雄虫渐趋成熟，继续饲养将会长出翅膀，失去药用功能而且浪费饲料，于是这时就要去雄留种。人工饲养时，一般有15%的活泼健壮的雄虫就能满足交配的需要，多余的雄虫可挑出后加工处理。雌雄若虫的主要区别在于胸部第二、第三背板的形状及外沿后角的倾斜度。雌若虫第二、第三背板的斜角小，而雄若虫的斜角大。另外，在爬行姿势上，雄若虫爬行时虫体稍抬起，而雌若虫则伏地爬行。

（4）成虫的饲养 老龄若虫完成最后一次蜕皮后，雌雄虫就变成了具有繁殖能力的成虫了。这时，除留种产卵的雌虫外，一般在产卵盛期过后均应采收，将其作为药用。

由于繁殖的需要，成虫所消耗的各种营养物质较多，因此，饲料要以精饲料为主、青饲料为辅，蛋白质含量保持在20%~25%，并适当增加骨粉、鱼肝油的比例。因为卵鞘发育需要较多的水分，除饲养土较湿外，还应补给多汁饲料、放置水盘，防止种虫因缺水造成食卵。为提高养虫效果，饲料饮水中可添加多种维生素、微量元素及抗菌助消化药物。

3. 饲喂次数及喂量

低温季节每2天喂1次，高温季节宜每天喂1~2次。喂食后要注意观察食料余缺，掌握精料吃完、青料有余的原则。一般是晨喂青饲料、晚喂精饲料。1万只若虫每次饲喂量为：幼龄若虫500克；中龄若虫精料4000~5000克、青饲料5000~6000克；老龄若虫精料5000~8000克、青饲料4000~5000克。

五、管理方法

1. 种虫来源和选育

（1）种虫来源 小规模饲养地鳖虫可捕捉野生虫作为种源。根据地鳖虫的生活习性，在地鳖虫聚居或经常出没处搜寻，发现后立即捕捉，同时注意土层中有无卵鞘存在，若有，则筛取后带回孵化。也可用罐头瓶等大口容器诱捕，内放炒香的糠麸饼屑做诱饵，罐口与地面齐平，掩以麦秸、稻草，可将夜出觅食的地鳖虫诱入，第二天即可捕获。

大规模饲养应就近购买种虫或卵鞘。种虫宜选择即将成熟的若虫，在同一批虫中挑选健壮、活泼、体型大、光泽好的个体留做种用,注意雌雄搭配。卵鞘宜选择光泽、饱满的新鲜卵鞘,纵向捏卵鞘可从锯齿侧看到长椭圆形的丰满光亮的卵粒。卵鞘干瘪、卵粒暗黄且有皱纹的为劣质卵鞘,不宜孵化。

(2)种虫选育 优良的种虫生长快、适应性强、产卵率高、虫壳厚硬、耐高密度饲养、易管理。可在每批若虫成熟前加以选择,在同等饲养条件下挑选生长最好的一批,并在其中选择最为壮硕的雌雄个体留做种用,挑选壮年种虫所产卵鞘来孵化下一代种虫,这样每代坚持选优,能够使种虫质量不断提高。

2. 繁殖孵化

地鳖虫成虫夏秋繁殖,一般于6~9月交配。一只雄虫可交配5~7只雌虫,雌虫交配一次即可终生产出受精卵。由于雌雄若虫的性成熟期相差较大,可采用不同批次孵出的雌雄成虫交配,适宜的雌雄比例为5∶1。要留意观察各批次雌虫成熟时的雄成虫情况,防止失雄而造成产出大量未受精的卵鞘。如发现缺雄应及时引雄补充,还可异地(场)引雄,定期交换种源,防止近交退化。多余的雄虫宜在成熟前采收,以免长翅后失去药用价值。选择操作方便的器具饲养雌成虫,产卵期间每隔一周取表层3厘米以内的饲养土过筛,取出卵鞘,移入孵化器孵化,或装入陶瓷容器保存以备孵化,但不宜保存过久。产卵盛期过后,宜将多余的雌虫分批采收。采用专用的孵化池或盆、锅孵化,适宜的孵化温度为30~35℃,孵化土要求湿润透气,含水量为15%~20%,以手捏成团、易于散开即可。孵化土与卵鞘均匀混合,保证每个卵鞘都沾有泥土,每隔几日重新搅拌一次,以使温度、湿度均匀,避免虫卵缺氧,40日左右即可孵出幼虫。若温度略低,孵化期将会延长。

3. 温湿度调节

地鳖虫属变温动物,它的生长发育和繁殖等生命活动受外界环境的影响,特别是受温湿度的影响很大。一般室内温度要保持在15~35℃,以30℃左右为宜。7~9月是地鳖虫生长繁殖的黄金时期,也往往是最为炎热和潮湿的季节,高密度饲养器具内部容易出现高温高湿,应注意通风换气、降温排湿,温度控制在35℃以内。同时注意饲养土的水分变化,及时喷水调节,以补充水分的消耗,保持饮水和青饲料的供应。冬春低温时要做好保温取暖工作,可利用地温保温,在饲养池、缸周围堆填麦秸、稻草等保暖物，饲养土上覆盖一层麦糠或稻壳。也可移至室内越冬，特别是幼虫和卵鞘更要注意保暖，保证饲养土最低温度在0℃以上。在保温取暖条件好的室内或塑料棚内加温饲养时，可消除冬眠，实现全年饲养，能够大幅度地缩短生长周期，提高生产效率。理想的温度为30℃、相对湿度为75%左右，通常用土暖气、火炉结合或利用太阳能加温。

4. 饲养密度

地鳖虫喜群居，较耐高密度饲养，但密度过大，仍会对其生长繁殖造成不利影响，所以在饲养过程中必须保持合理的密度。以下密度参数可供参考：幼龄若虫10万~20万只/米^2，中龄若虫2万~4万只/米^2，老龄若虫1万~2万只/米^2，成年种虫0.5万~1万只/米^2。正常情况下不宜过筛、翻窝、换土，以免虫子受惊，影响生长发育。但随着虫体长大，应及时分池，以防密度过高。应按虫龄分群，不同虫龄不宜混养，以防大虫蚕食小虫。在地鳖虫的越冬期，可加大密度，达到虫体相挨的程度，以利保温取暖。

六、地鳖虫的采收与加工

1. 采收

雄若虫在最后一次蜕皮前留够种虫，多余的进行采收。雌成虫在产卵盛期过后，除留足种虫外分批采收，一般分为2批：第一批在8月中旬前，采收已超过产卵盛期而尚未衰老的成虫；第二批在8月中旬至越冬前，凡是前两年开始产卵的雌成虫，可按产卵先后依次采收。如果饲养规模较大或全年加温饲养的，在不影响种用的情况下，只要能保证虫壳坚硬，随时都可采收。不论何时采收，均应避开蜕皮、交尾、产卵高峰期。采收的方法是用2目筛子，连同饲养土一起过筛，筛去泥土，拣出杂物，留下虫体。

2. 加工

地鳖虫的常用加工方法有晒干和烘干两种，具体方法是：首先将虫中的杂物去尽，让虫饿一昼夜，以消化尽体内的食物、排尽粪便，确保其空腹；随后用冷水洗净虫体污泥，再倒入开水烫泡3~5分钟，烫透后捞出，用清水漂洗；最后置于阳光下暴晒，达到干而有光泽、完整不破碎。如遇阴天，可用锅烘烤，有条件的可用烘箱或其他烘干设备。调节好温度，控制在 35~50℃，待虫体干燥后即可。干燥后的虫体可用纸箱、木箱或其他硬质容器盛装备用。一般将干燥后的地鳖虫磨粉，拌入混合饲料后喂蝎子。

附录 E 鼠妇的饲养技术

鼠妇又称潮虫、西瓜虫等，属于甲壳纲、等足目、平甲科的种类。鼠妇的种类较多，它们的身体大多呈长卵形，为甲壳动物中唯一完全适应陆地生活的动物，从海边一直到海拔 5000 米左右的高地都有它们的分布。通过对鼠妇营养成分的化验表明，蛋白质和氨基酸含量均较低，唯有胱氨酸含量较高。因此，单用鼠妇喂蝎子，蝎子不能正常发育。但与其他饲料配合使用，则可加速蝎子的生长发育。

一、生物学习性

1. 形态特征

鼠妇成虫体态呈长椭圆形，稍扁，长约 10 毫米；表面灰色，有光泽，背腹扁行，背部呈显著弓形。头前缘中央及左右角没有显著的突起，有眼 1 对、触角 2 对。第一对触角微小，共 3 节；第二对触角呈鞭状，共 6 节。胸节 7 个，腹节 5 个，胸肢 7 对，较长大，其长度超出腕节与前节之和。腹肢 5 对，尾肢扁平，外肢与尾节嵌合齐平，内肢细小，被尾掩盖。雄性第一腹肢如鳃盖状，内肢较细长，末端弯曲呈微钩状。雌雄成虫体背部表面的颜色不固定，有时呈灰色或暗褐色，有时局部带黄色，并且有光亮的斑点（附图 E-1）。

附图 E-1 鼠妇成虫示意图

2. 生活习性

鼠妇喜欢群居，爬行十分敏捷，攀爬能力很强，但视觉不发达，害怕强光刺激，常生活在阴暗潮湿的环境，多栖息于朽木、腐叶、石块等下面及坑（池）表层或坑壁四周，有时也会出现在房屋（茅草屋）、庭院内（附图 E-2）。鼠妇在 20~25℃生活较为正常，若室内外温度在 25℃左右，在房前屋后的石块、砖块、瓦砾的下面，墙角以及盆、坛内部均可以找到。温度低于 25℃，需要在温暖的花窖、庭院的下水道旁边采集，也可在平房的厨房地砖下面收集。

附图 E-2　鼠妇栖息地

与黄粉虫一样，鼠妇属于杂食性动物，食性很杂，如各种粮食、面粉以及粮油加工厂的剩余副产品，杂草、枯枝烂叶，各种薯类的块根、块茎以及腐烂变质的食物、动物、昆虫的尸体等，无所不食。

3. 繁殖习性

鼠妇为卵生，孵出后不再变态。每年清明前后，气温暖和时便起蛰。11 月中旬以后开始冬眠。鼠妇每年春季开始繁殖。卵产于其步足之间，孵化后的幼虫仍在雌虫的步足之间，直到能独立生活后离开母体，分散活动。鼠妇生产发育适宜的温度为 25~28℃，适宜的相对湿度为 95% 左右。因此，在人工饲养条件下，要特别注意温度、湿度，稍有不慎即可造成大批死亡。

二、饲养方法

1. 鼠妇的采集

为了方便采集，可把连根铲起的细叶结缕草或者稻草倒盖在墙边的草坪上（可盖 2~3 层），开始几天不要浇水，等草干了之后，3 天左右浇少量的水，只要草保持相对潮湿就可以。1个月左右开始采集，则可得到个体较大、数量较多的鼠妇。而且，采集过程非常简便，只要把草皮拿走就行。在鼠妇的采集过程中，必须小心地保护。采集后，容器内应带一些湿土，并注意通风。湿土最好富含有机质，颜色以黑色最佳，同时可放几片烂树叶或一些植物的小根。采集时也可以在阴暗角落的地上挖一个坑，放入一个塑料杯，杯口与地面平齐，在杯中放入少许水果，一夜即可诱集大量鼠妇。

2. 鼠妇的饲养

饲养鼠妇可在缸、盆内或在室外砌窝进行。在容器内放一些筛选后的松软的土壤，土壤以富含有机质为好，特别是黑色的土壤效果更佳，同时可放一些烂树叶。土壤的含水量不宜太大，每天可向土壤中喷洒少量的清水。水滴入过多，土壤容易形成泥块或泥浆，这样会使鼠妇的活动减慢，甚至造成死亡。用手抓起一把泥土，用力捏，没有水从指缝流出；松开手，轻轻一碰，泥土疏松，则表明土壤的湿度适中。每3天换一次土，最长不要超过1周。土不要全部替换，可换一半、留一半。

虽然鼠妇喜欢群居，往往一群有几十个、几百个，但在人工饲养时密度不宜过大，一般一个1000毫升的烧杯内可饲养25~30只鼠妇。密度过大易使带卵或带幼子的母体受到干扰，过早将卵或幼子甩掉，造成流产，以致鼠妇死亡。饲养时可将容器用黑布遮盖，保证有充足的空气。同时用橡皮圈套住黑布，防止鼠妇逃跑。鼠妇害怕光线，在晚上开着灯，也能起到防止鼠妇逃跑的效果。

要保持鼠妇栖居环境有适当的湿度，其饲料最好采用混合饲料，并适量投喂些青菜、薯类的块根。另外，为防止窝内空气干燥，可经常向饲养窝内洒些清水。

【注意】

鼠妇的营养不全面，尤其是蛋白质和氨基酸含量均较低，适口性也不是很好，一般不宜单独给蝎子饲喂。但是与其他饲料配合饲喂蝎子，则可加速蝎子的生长发育。

参 考 文 献

［1］中国药用动物志协作组.中国药用动物［M］.天津:天津科学技术出版社,1997.
［2］朱明生,戚建新,宋大祥.中国蝎目名录(蛛形纲:蝎目)［J］.蛛形学报,2004,13(2):111-118.
［3］赵渤,路阳明.养蝎与采毒实用技术［M］.西安:陕西人民教育出版社,1999.
［4］马仁华.科学养蝎实用新技术［M］.北京:中国农业出版社,2001.
［5］曾秀云.科学养蝎实用技术200问［M］.北京:中国农业出版社,2001.
［6］陈德牛,张国庆,刘季应.实用养蝎大全［M］.北京:中国农业出版社,2003.
［7］王金民.科学养蝎彩色图说［M］.北京:中国农业出版社,2003.
［8］潘红平.药用动物养殖及其加工应用［M］.北京:化学工业出版社,2010.
［9］潘红平,宋月家.蝎子高效养殖技术一本通［M］.北京:化学工业出版社,2010.
［10］张国庆,陈德牛,赵军需.人工养蝎技术［M］.北京:金盾出版社,2011.
［11］周元军.图说蝎子养殖技术(二)［M］.北京:中国农业出版社,2013.
［12］周元军.高效养蝎子［M］.北京:机械工业出版社,2014.